과학으로
만드는 배

쉽게 풀어 쓴 물과 배, 그리고 유체역학 이야기
과학으로 만든 배

초판 6쇄 발행일 2021년 05월 14일
초판 1쇄 발행일 2005년 09월 15일

지은이 유병용
펴낸이 이원중

펴낸곳 지성사 출판등록일 1993년 12월 9일 등록번호 제10-916호
주소 (03458) 서울시 은평구 진흥로 68 2층 (북측)
전화 (02) 335-5494 팩스 (02) 335-5496
홈페이지 www.jisungsa.co.kr 이메일 jisungsa@hanmail.net

ⓒ 유병용, 2005

ISBN 978-89-7889-123-3 (03400)

잘못된 책은 바꾸어드립니다. 책값은 뒤표지에 있습니다.

이도서의 국립중앙도서관 출판시도서목록(CIP)은 서지정보유통지원시스템 홈페이지(http://seoji.nl.go.kr)와
국가자료공동목록시스템(http://www.nl.go.kr/kolisnet)에서 이용하실 수 있습니다.(CIP제어번호: CIP2005001792)

과학으로 만든 배

유병용 지음

쉽게 풀어 쓴 물과 배, 그리고 유체역학 이야기

지성사

| 책머리에

교양공학을 위한 변명

왜 과학책이나 공학책은 딱딱하기만 할까? 무언가 중요한 내용을 말하고 싶어하는 것 같긴 한데, 엄숙함으로 무장된 이 책들과 친해진다는 것이 그리 만만치만은 않다.

학생일 때도 나는 이런 책들이 버거웠지만, 유체역학과 조선공학을 가르치는 입장이 되고 보니, 이에 대해 좀 더 진지하게 고민할 필요성을 절감하게 되었다. 공학과 관련된 보다 쉬운 책은 없을까? 숫자로만 나타나는 이 공식들이 실제 생활에서는 어떻게 적용될까? 복잡한 수식으로 가득 찬 것이 아니라 만화책처럼 그림과 사진으로 말하는 책은 없을까?

나는 조선공학도이다. 조선공학은 바다 위를 둥둥 떠다니는 배를 만드는 학문이다. 배! 나는 배를 보면 커다란 고래가 떠오른다. 고래처럼 크나큰 배가 푸른 바다 위에서 물살을 헤치며 앞으로 나아가는 모습이 멋지기도 하지만, 한편으로는 참으로 신기한 광경이다. 어떻게 저 커다란 배가 물속으로 가라앉지 않고 떠다닐 수 있을까? 이 책에서는 이런 질문에 대한 답을 모아보았다.

1장에서는 유체역학에서 접할 수 있는 몇 가지 주제를 다루었다. 잠깐! '유

'체역학'이라는 단어를 보는 순간 이 책을 덮어버리려던 독자들은 조금 참아주기 바란다. 여기서 유체역학에 대한 전반적인 내용을 교과서처럼 다루거나 심도있는 논의를 할 생각은 전혀 없다. 그래도 배를 이야기하면서 배가 다니는 공간인 물에 대해서 조금은 알아둬야 하지 않겠는가. 여기서는 우리가 일상생활에서 접하거나 궁금증을 가질 수 있는 소재를 중심으로 유체역학과 관련된 이야기를 하고자 할 뿐이다.

2장에서는 유체역학과 연관되어있는 배의 성능에 대해서 이야기하였다. 즉 1장에서 살펴보았던 유체역학의 기초 지식을 바탕으로 배가 어떻게 물 위에 뜨고 파도를 헤치며 앞으로 나아가는지 살펴볼 것이다. 배가 원하는 곳을 향해 똑바로 갈 수 있도록 하고, 아무리 거센 파도가 몰아쳐도 흔들리지 않게 만드는 것이 2장의 목표이다.

3장에서는 다양한 배를 소개하였다. 물론 다양한 배를 소개한다고 해서 학술적으로 배를 분류하거나 모든 배를 훑어보지는 않을 것이다. 그보다는 오히려 평소에 가까이 보지 못했던 재미난 배들을 소개하고자 한다. 보이지 않는 배, 하늘을 나는 배,(정말로 하늘을 나는 배가 있다.) 날개 달린 배들을 만나볼 것이다. 이와 함께 24시간 우리 바다를 지키고 있지만 막상 가까이서 보기는 힘들었던 군함을 소개하였다.

이 책의 각 장들은 상호 연관성이 있으면서도 어느 정도 독립적인 성격을 띠기 때문에 각자 관심있는 장만 따로 읽는다 해도 이해하는 데 큰 어려움은 없을 것이다.

나는 여러분들에게, 이 책을 읽으면서 배에 대해 깊이있게 알고자 하는 학구적인 자세로 임하기보다는 소파에 누워 음악을 들으며 편하게 읽기를 권하고 싶다. 잠이 안 올 때 수면제 대용으로 읽거나 부담 없이 손에 잡히는 대로 읽다 던지고 낙서를 해도 좋다. 단지 바라는 게 있다면, 이 책이 편하게 읽히는 그만큼 유체역학이나 배에 대해서 가깝고 편하게 느끼는 데 도움이 되었으면 하는 것이다.

나는 참으로 뻔뻔하다. 사람이 입 밖으로 내뱉은 말에도 책임을 져야 하는데, 내 얄팍한 지식을 감히 글로 남기려고 하다니 말이다.

하지만 내가 이렇게 뻔뻔스러운 결심을 하게 된 데에는 이유가 있다. 지금은 많이 나아졌지만, 내가 어릴 적에는 서점에서 교양과학 책자를 찾으려 하면 한쪽 구석에 초라하게 꽂혀있는 것을 발견할 뿐이었다. 그것도 그나마 대부분은 번역서였고, 더욱이 교양과학이라는 코너는 분류되어있지만 교양공학이라고 분류되는 책자는 없었다. 물론 일분일초를 다투는 기술 경쟁 시대에 우리나라 과학자와 공학자들에게는 이러한 학문을 소개하는 책들을 집필할 만한 시간적, 물리적 여유가 부족한 것이 현실이다. 그러나 그럴수록 더욱 이러한 기초 학문 분야의 책들이 활성화되어야 하고, 이학과 공학을 대중화시키는 일이 중요하다고 믿는다.

그래서 내 나름대로는 해야 될 일이라는 사명감으로 이 책을 쓰기 시작했지만, 아직은 부족한 점이 많기에 두려움도 많았다. 지도 교수님이신 이기표 선생님의 진심어린 격려와 응원이 아니었다면 『과학으로 만드는 배』는 책으로 나오지 못했을 것이다. 조선공학을 가르쳐주신 서울대학교 조선해양공학과의 교수님들을 비롯해서 책을 쓰는 데 직·간접적으로 도움을 주신 서울대학교 기계공학과 최해천 교수님, 해군사관학교 교수부의 교수님들, 심이섭 제독님, <동아일보>의 이정훈 차장님께도 감사를 드린다. 책을 쓰겠다고 주제

넘은 짓을 할 때 서울대학교 선박조종성능 실험실의 선후배들과 승재, 지만이, 유철이, 석환이, 세환이 형은 격려와 함께 좋은 지적을 해주었다. 어설픈 원고를 들고 문을 두드렸을 때 너무나 반갑게 맞아주셨던 지성사 이원중 사장님과, 게으른 저자 때문에 고생하신 이지혜 씨를 비롯한 지성사 식구 여러분들께 진심어린 감사를 드리면서, 이 좋은 사람들과 맺은 새로운 인연이 오래가기를 희망한다.

또한 독자들에게 그림으로 다가가는 책을 내놓고 싶어할 때 너무나 멋진 그림을 선물해준 길혜림 씨와 김유리 씨를 만난 것은 나의 행운이라고밖에 표현할 수 없을 것이다.

멋진 사진을 구하지 못해 발을 동동거릴 때도 많은 분들이 도움을 주셨다. 한국해양연구원, 군사 전문 잡지 <밀리터리 리뷰>, 대우조선해양, 현대중공업, 인피니티기술, 호주의 오스탈(Austal)사, 원인고대선박연구소, 대한민국 해군본부와 해군사관학교, 서울대학교 조선해양공학과 인력선 제작 모임 '모모' 여러분들께 감사를 드린다.

아울러 남극의 별이 된 고(故) 전재규 대원의 사진을 사용하도록 허락해주신 전정아 양께 감사의 뜻을 전하며, 이제는 하늘의 별이 된 나의 동아리 친구 재규의 명복을 다시 한 번 빈다.

그리고 무엇보다도 내가 이 책을 쓰는 계기가 되고, 힘이 되어준 멋진 해군사관학교 생도들에게 가장 큰 고마움을 표시하고 싶다.

2005년 8월, 관악에서 옥포만을 바라보며

유병용

| 추천의 글

과학에 대한 소신, 꿈을 키우는 배

이기표(서울대학교 조선해양공학과 교수)

2004년이 끝나갈 무렵에 내 연구실로 종이 한 뭉치를 들고 유병용 군이 찾아왔습니다. 조금은 부끄러운 듯 원고를 내밀었지만 책을 쓰게 된 동기를 말하는 그의 눈빛에는 확신이 넘쳤습니다. 아끼는 제자의 책이기도 하지만 내용이 너무 알차서 아주 기쁜 마음으로 『과학으로 만드는 배』를 여러분에게 권합니다. 근래 들어 더욱 문제되는 이공계 기피 현상은 단순히 대학만의 문제가 아니고 국가 경쟁력에 심각한 영향을 미칠 수 있는 사회문제입니다. 이러한 시점에서 중고생과 일반인들에게 이공학을 알기 쉽게 설명해주는 『과학으로 만드는 배』와 같은 교양서적은 더욱 절실히 필요합니다.

유병용 군은 서울대학교와 같은 대학원에서 조선공학을 꾸준히 공부해왔고, 더욱이 해군사관학교에서는 조선공학과 전임강사로 생도들을 가르치면서 직접 조선공학이라는 학문을 전해왔습니다. 조선공학을 학생의 입장에서 공부하고 해군 장교로 근무했으며 가르치는 사람의 입장에서 조선공학 교육에 대해 고민해온 그야말로 과학의 대중화를 위한 글쓴이로 적임자일 것입니다.

우리나라는 현재 선박 수주량 세계 1위를 차지하는 명실상부한 조선 강국이고, 조선산업이 국가 경제에 미치는 영향도 매우 큽니다. 하지만 그 중요성에 비해 해양과학과 조선산업에 대한 홍보는 상대적으로 부족해 안타깝기 그지없습니다.

우리나라의 미래는 바다에 있습니다. 그리고 지금 이 시간에도 학교와 연구소, 그리고 조선소 등에서 조선산업의 미래를 위해 땀 흘리는 일꾼들이 있습니다. 이 책이 그들에게 조금이나마 힘있는 박수를 보내는 역할을 하길 바라며, 아울러 세계 제일의 조선 강국에 살고 있는 이 나라의 중고생과 대학생을 포함한 일반인들이 조선산업에 대한 애정을 키우는 데 도움이 되었으면 합니다. 더 욕심을 부린다면, 우리나라의 미래를 짊어질 청소년들에게 이 책이 조선공학자의 꿈, 이공학자의 꿈을 키우는 데 일조하기를 기대합니다.

원고를 불쑥 내밀며 나를 놀라게 했던 저자는 조선소에서 직접 현장을 경험하고 싶다고 해서 한 번 더 놀라게 했습니다. 앞으로 그가 어느 곳에 있든지 조선업계와 해군에 도움이 되는 일꾼으로 성장하길 바랍니다.

마지막으로 조선공학을 연구하는 학자로서 개인적으로 그에게 당부하고 싶은 말이 있다면, 후학을 아끼고 생각하며 『과학으로 만드는 배』를 썼던 마음가짐을 앞으로도 변치 않고 가슴속 등불로 지녀 이어갔으면 하는 점입니다.

책머리에 | 교양공학을 위한 변명 · 4
추천의 글 | 과학에 대한 소신, 꿈을 키우는 배 · 10

1장 세 명의 과학자, 물을 파헤치다 · 17

물을 아는가 · 18

1. 파스칼 : 압력의 정체를 규명하다 · 22

천재 그 이상의 천재, 파스칼 ｜ 정압력 분포식 헤쳐 보기

압력 이해하기 1 : 삶이 고달픈 이유

압력 이해하기 2 : 행운의 동전 던지기

2. 아르키메데스 : 옷 벗고 뛸 만큼 대단한 발견 · 44

지구를 움직인 사람 ｜ 아르키메데스의 원리 헤쳐 보기

부력 이해하기 1 : 잠수함 움직이기

부력 이해하기 2 : 아르키메데스도 못 푸는 문제

3. 베르누이 : 날개의 비밀 · 62

위대한 베르누이 가문의 비극 ｜ 베르누이의 정리 헤쳐보기

베르누이의 정리 응용하기 1 : 비행기의 원리

베르누이의 정리 응용하기 2 : 커브볼 던지기

2장 물살을 가르는 과학 · 83

배를 아는가 · 84

1. 개념을 알면 성능이 보인다 · 86

규모의 무게, 규모의 속도

2. 부력으로 배를 띄우고 · 97

부력과 중력의 평형 | 배의 흘수 변화 | 파도 봉우리와 골짜기 | 방이 많은 집

3. 미는 힘, 막는 힘 · 110

뉴턴이 끄는 배 | 저항을 뚫고 | 수영복의 과학 | 우주전함 야마토의 아이러니

프로펠러, 배를 밀다 | 잠수함 잡는 공기 방울 | 다양한 프로펠러

4. 앞으로 갈까, 돌아 갈까 · 142

타(Rudder), 작지만 강한 힘 | 선회의 세 단계

보이지 않는 힘이 일으킨 올림픽호 사건 | 배의 눈, 레이더 | 나는 어디에? GPS

5. 흔들리는 배, 흔들리지 않는 배 · 166

안정, 불안정, 중립 | 배는 왜 흔들리다 돌아올까?

군함의 멋, 함포 | 흔들림을 막자

3장 상상은 곧 현실이다! · 185

꿈을 아는가 · 186

1. 꿈을 실은 배 · 188

붙으면 산다 : 쌍동선, 삼동선

보이지 않는 배 : 스텔스선

매릴린 먼로처럼 : 호버크라프트

날개로 나는 배 : 수중익선, 활주정

카스피 해의 괴물 : 위그선

퓨전으로 승부한다 : 복합 지지형 선박

2. 군함, 또 하나의 영토 · 215

군함은 우리 땅? ∣ 떠다니는 기지 : 항공모함

배틀 크루저(Battle Cruiser)는 클 수밖에 없다 : 순양함 ∣ 바다의 방패 : 이지스함

잠수함 잡는 배 : 구축함 ∣ 바다의 보디가드 : 호위함

초계 중 이상무 : 초계함 ∣ 작고도 빠르다 : 고속정

무엇이든 실어 나른다 : 상륙함 ∣ 은밀한 힘 : 잠수함

나도 마술사 · 39

물은 왜 좁은 곳에서 더 빨리 흐를까? · 73

배? 선박? 함정? · 91

가오리연의 비밀 · 145

쇄빙선 한 척만 있었더라도… · 192

배는 여자다 · 202

인력선 축제 · 212

해군의 아버지, 손원일 제독 · 218

미국 해군 항공대 · 223

해군 복장엔 이유가 있다 · 235

부록 | 모멘트 알아보기 · 243

1. 모멘트란? · 244

2. 생활에서 발견하는 모멘트 · 248

3. 줄타기의 비밀 · 253

참고 문헌 · 259

찾아보기 · 261

1장

세 명의 과학자, 물을 파헤치다

자동차가 땅 위에서 움직이고 비행기가 하늘을 날아다니듯이, 배는 항상 물 위에 떠다닌다. 그렇기 때문에 배에 대한 이해를 높이려면 먼저 배와 떼려야 뗄 수 없는 관계인 물에 대해 기본 지식을 쌓을 필요가 있다.

성경이 기록되었던 시대에는 어렵게만 여겨지던 유체역학을 지금의 배경지식으로 좀 더 쉽게 공부할 수 있을 것이다. 그리고 우리의 공부를 돕기 위해서 파스칼, 아르키메데스, 베르누이, 이렇게 세 명의 과학자를 초대하였다.

물을 아는가

자동차가 땅 위에서 움직이고 비행기가 하늘을 날아다니듯이, 배는 항상 물 위에 떠다닌다. 그렇기 때문에 배에 대한 이해를 높이려면 먼저 배와 떼려야 뗄 수 없는 관계인 물에 대해 기본 지식을 쌓을 필요가 있다.

1장에서는 본격적으로 배에 대해 이야기하기 전에 물과 관련된 학문인 유체역학에 대한 기초 지식을 살펴보도록 하겠다.

"유레카!"를 외치면서 목욕탕을 뛰쳐나오는 아르키메데스.
그가 발견한 것은 바로 부력의 원리였다.

누구나 한 번쯤은 고대 그리스 시대에 아르키메데스라는 과학자가 목욕탕에 앉아있다가 넘치는 물을 보고 그대로 거리로 뛰쳐나갔다는 일화를 들어보았을 것이다. 나는 이 이야기를 어릴 적 만화 위인전에서 읽었는데, 그때는 할아버지가 옷을 벗고 거리를 달렸다는 사실 자체로 너무 재미있어한 기억이 난다. 아마 당시에는 이 할아버지가 세계 최초의 스트리퍼가 아닐까 생각하면서 우스꽝스럽게 여겼던 것도 같다. 그러다 중학생이 되어서는 이 할아버지가 발견한 것이 부력의 원리이며 이것 때문에 배가 뜬다는 사실을 배웠지만, 그게 왜 중요한지는 몰랐다. 단지 그가 목욕탕을 뛰쳐나오며 외쳤다는 '유레카(Heurka)'라는 말이 왠지 멋있어 보일 뿐이었다.

여기까지가 바로 우리나라 고등학교 정규 교과과정에 나오는 유체역학의 전부라고 말해도 지나치지 않을 것이다.

유체역학이 어렵게 느껴지는 이유에는 '유체'라는 개념이 눈으로 쉽게 잡히지 않는다는 점도 큰 비중을 차지한다. 하지만 유체역학의 첫걸음을 내디딜 때는 어렵게 생각할 필요 없이, 유체가 그냥 기체와 액체를 합쳐서 부르는 용어라고 생각하면 될 것이다. 이 책에서는 그중에

물은 댐을 무너뜨릴 만큼 큰 힘도 일으킨다.

서도 액체, 특히 물에 대해 다룰 테니까 유체역학을 물에 대한 역학 정도로만 이해해도 충분하다. 여기서 역학(힘 력[力] + 배울 학[學])이란 '힘에 대한 학문'이라는 뜻이다. 그렇다면 유체역학은 '물(유체) 속에서(혹은 물로부터) 어떤 물체가 받는 힘에 대해서 다루는 학문'이라고 말할 수 있을 것이다.

사실 유체역학은 상당히 어려운 학문 가운데 하나이다. 적어도 옛날 사람들에게는 똑똑한 사람들만 도전할 수 있는 난제 중의 난제였다. 심지어 『구약성경』의 「잠언(Proverbs)」에는 이런 구절이 나와있다.

> 내가 심히 기이히 여기고도 깨닫지 못하는 것 서넛이 있나니, 곧 공중에서 독수리가 나는 법과, 반석 위에서 뱀이 기어다니는 법과, 바다 한 가운데 배가 떠있는 법과, 남자가 여자와 함께하는 법이며……(There be three things which are too wonderful for me, yea, four which I know not. The way of an eagle in the air ; the way of a serpent upon a rock ; the way of a ship in the midst of the sea ; and the way of a man with a maid.)
>
> ―「잠언」(킹 제임스 성서 번역본) 30장 18~19절

성경에 이런 내용이 나와있다는 것도 신기하지만, 더 놀라운 점은 독수리가 나는 법이나 배가 물 위에 뜨는 이유가 모두 유체역학과 관련되어 있다는 사실이다. 이렇게 기독교 경전에서조차 어렵다고 말하는 유체역학을 우리가 공부할 수 있을까?

유체역학을 만나기 위해 우리에게 도움을 줄 세 분이다.

 하지만 다행스럽게도 우리는 21세기 최첨단 문명사회에 살고 있다. 하늘에 인공위성이 떠다니고 바다 속에 잠수함이 운항되며, 심지어 사람들은 화성 탐사선을 쏘아 올리는 것까지 당연하게 받아들인다. 따라서 성경이 기록되었던 시대에는 어렵게만 여겨지던 유체역학을 지금의 배경지식으로 좀 더 쉽게 공부할 수 있을 것이다. 그리고 우리의 공부를 돕기 위해서 파스칼, 아르키메데스, 베르누이, 이렇게 세 명의 과학자를 초대하였다.

 파스칼
: 압력의 정체를 규명하다

파스칼이 유체역학에 기여한 업적은 그 이전까지 정체가 불명확했던 압력의 성질을 밝힌 데 있다. 압력은 우리말로 '누르는 힘'이다. 좀 더 과학적으로 풀어 말하면, '단위면적당 작용하는 힘'이라고 할 수 있다. 예를 들어, $10m^2$의 면적에 10N(Newton[뉴턴])의 힘이 작용하고 있으면 $1m^2$의 단위면적에는 $10N \div 10m^2 = 1N/m^2$의 압력이 작용하고, 같은 힘인 10N이라도 $1m^2$의 면적에 작용하면 $10N \div 1m^2 = 10N/m^2$의 압력이 작용하고 있는 것이다.

물이 누르는 힘을 수압(水壓)이라 하고, 공기가 누르는 힘을 기압(氣壓)이라 한다. 더 나아가 수압이나 기압을 알면, 유체가 물체에 작용하는 힘을 계산할 수 있다. 그렇기 때문에 압력은 유체역학(역학은 힘에 대한 학문임을 상기해보자.)에서 중요한 물리량*이다. 그리고 이 압력의 성질을 밝힌 사람이 바로 파스칼(Blaise Pascal, 1623~1662년)이다.

> **물리량(物理量)**
> 과학은 물리적 성질을 숫자로 나타내기를 좋아한다. "오늘 날씨가 덥다."라고만 하면 도대체 얼마나 더운 건지 그 상태를 정확히 알 수 없지만, "오늘 기온이 섭씨 25도이다."라고 표현하면 수치로 분명하게 알 수 있다. 이렇게 어떤 물리적 성질을 정확히 양으로 설명하기 위해서 쓰이는 것이 물리량이다. 유체역학에서는 속도, 압력, 온도 따위가 대표적인 물리량이다.

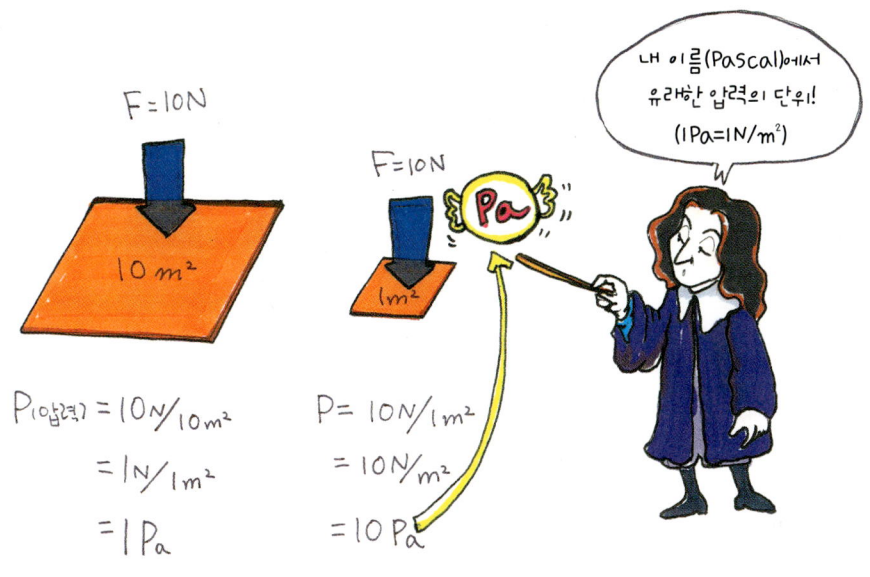

압력은 단위면적당 작용하는 힘이다.

우선 파스칼은 유체(물과 공기)의 압력이 높이에 따라 바뀐다는 사실을 보여주면서 압력이 유체의 무게 때문에 생긴다는 사실을 밝혀냈다. 그리고 이후에 기압계의 원리를 설명하기 위한 연구를 하던 중 이른바 '파스칼의 원리'*라는 유체의 성질을 밝혀냈다.

■ **파스칼의 원리**(Pascal's principle) 1653년에 파스칼이 발견한 것으로, "유체의 한 부분에 압력을 가하면 유체 안의 모든 부분에 균등하게 전달된다."는 원리.

천재 그 이상의 천재, 파스칼

과학자 파스칼이라고 하면 조금은 생소할지 모르지만, 어쨌든 파스칼이라는 이름은 낯설지 않다. 무슨 컴퓨터 상표 이름 같기도 하고, 철학자 이름 같기도 하고……. 요즘은 궁금증이 생기면 일단 인터넷으로 검색부터 하고 보는 시대 아닌가. 시대의 흐름에 부응하여 검색엔진에서 파스칼을 쳐보자. 수학자 파스칼, 철학자 파스칼은 물론이고 꼬마들 옷 상표부터 컴퓨터 언어, 소프트웨어 회사까지 참으로 다양한 정보들이 쏟아진다. 파스칼이라는 이름이 흔해서 그런 게 아니냐고 생각할지 모르지만, 실제로 파스칼이라는 인물은 다양한 분야에서 두각을 나타낸 천재였다. 파스칼이라는 검색어로 딸려 나오는 무수한 결과들은 이러한 사실과 무관하지만은 않다.

수학자이자 물리학자이며 철학자인 파스칼은 1623년 프랑스 클레르몽에서 태어났다. 그의 아버지는 지방 공무원이었지만 수학을 좋아했고 교양이 풍부한 사람이었다. 아버지가 친구들과 수학에 관해 이야기하는 모습을 곁에서 자연스럽게 보고 자란 파스칼은 일찍부터 수학에 관심을 가졌다. 파스칼의 재능을 알아본 그의 아버지는 그가 열세 살 때부터 본격적으로 수학 공부를 시켰다. 파스칼은 그때부터 천재성을 발휘하여 열일곱 살에는 2차곡선에 관한 유명한 논문을 쓰기도 했다.

파스칼의 천재성이 드러나는 발명품 가운데 하나는 세계 최초의 계산기이다. 파스칼은 당시 루앙 시의 행정관으로 근무하던 아버지가 밤늦게까지 세금 계산에 매달리는 모습을 보고 아버지를 위해 쿵당쿵당 무언가를 만들었는데, 이것이 파스칼의 계산기이다. 어쩌면 이런 천재성 때문에 어린이 옷 상표에도, 컴퓨터 회사 이름에도 파스칼이 등장하는 건 아닌지 나 혼자 생각해보기도 한다.

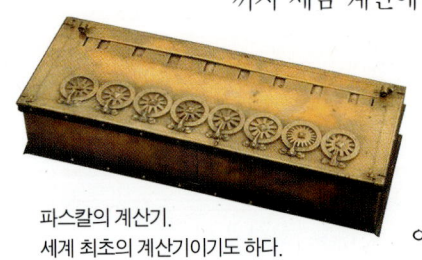
파스칼의 계산기.
세계 최초의 계산기이기도 하다.

파스칼은 그 후로도 연구를 계속하여 수학자만으로도 역사에 확실한 자취를 남겼다. 뿐만 아니라 파스칼은 이탈리아의 물리학자이자 수학자인 토리첼리가 수행했다는 실험 이야기를 듣고는 그 연구에 몹시 흥미를 느껴 물리학에도 도전하게 된다.

토리첼리의 실험이란 이렇다. 아래 그림과 같이 수은을 가득 채운 1m 길이의 유리관 한 끝을 막고 수은을 담은 그릇에 거꾸로 세우면, 가득 차 있던 유리관 속의 수은이 내려오긴 하지만 전부가 쏟아지지는 않고 대략 76cm 높이에서 멎는다. 이 사실을 발견한 토리첼리는 여기서 더 나아가 유리관 속의 수은이 쏟아지지 않게 위로 올리는 힘은 바로 그릇에 담긴 수은의 표면을 누르고 있는 대기의 압력이라고 생각하였다. 그러나 그가 이 실험과 연구를 통해서 (수은기둥의 높이로) 기압(압력)을 보여주긴 했

토리첼리의 실험은 대기압이 작용하는 힘을 보여주었다.
그러나 정작 대기압이 어떻게 유리관 속 수은을 떠받치는지는 알아내지 못했다.
파스칼은 이에 대해 연구를 시작했다.

파스칼은 그의 처남 페리에와 함께 높이에 따른 대기압을 측정하였다.

지만, 정작 기압이 왜 발생하며 그릇 속의 수은을 아래 방향으로 누르고 있는 힘이 어떻게 유리관 속의 수은을 떠받치는 위쪽 방향의 힘으로 바뀌느냐에 대한 의문점은 명확히 밝혀내지 못했다. 그리고 이 문제를 해결한 사람이 바로 파스칼이다.

파스칼은 토리첼리의 실험을 직접 수행해보고 나서 수은뿐 아니라 다양한 액체로도 같은 실험을 해보았다. 물의 경우에는 심지어 10m가 넘는 긴 관을 썼는데, 대략 10.34m에서 평형을 이룬다는 사실을 발견하였다.

파스칼은 토리첼리의 실험을 재연하는 것에 만족하지 않고 대기압이 어떤 작용을 일으켜서 수은을 76cm나 관 위로 올라가게 만드는지 연구하기 시작했고, 결국 그것은 공기의 무게 때문이라는 결론에 도달하였다. 파스칼은 이 사실을 입증하기 위하여, 만약 좀 더 높은 곳으로 올라가서 실험을 하면 그 위에 쌓인 공기의 양이 줄어들기 때문에 압력도 줄어들 것이라는 가설을 세웠다. 그리고 그는 처남인 페리에와 함께 해발 1,300m의 퓌드돔 산에 올라가서 다음과 같은 실험을 하였다. 먼저 파스칼은 실험장치 두 벌을 만들어 하나는 산기슭에 두고, 또 하나는 산꼭대기로 가져가서 관으로 올라오는 수은의 높이를 비교하였다. 그러자 예상했던 대로 산꼭대기에서 실험한 쪽이 산기슭에서 측정한 것에 비해 수은의 높이가 10분의 1이나 낮았다. 그리고 산꼭대기에 올라간 페리에가 산을 내려오던 도중 산허리에서 다시 한 번 수은기둥의 높이를 측정해보았는데, 그 높이는 산꼭대기와 산기슭의 측정치에서 딱 중간 높이를 가리키고 있었다. 이리하여 파스칼은 기압이 공기의 무게이며 높이 올라갈수록 위에서 누르는 공기의 양이 줄어들어 기압이 줄어든다는 사실을 증명할 수 있었다.

파스칼은 이 실험을 통해서 압력이 유체의 무게 때문에 생긴다는 사실을 밝혀내기는 했지만, 토리첼리와 마찬가지로 그때까지도 기압계에서 수은 면을 아래로 누르는 압력이 어떻게 관 속의 수은을 위로 받치는 힘으로 작용하는지는 알 수 없었다. 파스칼은 이 대답을 찾기 위해 실험과 연구를 계속하다가, 마침내 1653년에 파스칼의 원리를 발표함으로써 이 문제마저 해결하였다. 파스칼의 원리는 "유체의 한 부분에 압력을 가하면 유체 안의 모든 부분에 균등하게 전달된다."는 원리이다.

이 원리를 이용하면 유리관 속의 수은이 어떻게 쏟아지지 않을 수 있는지에 대한 설명이 가능하다. 파스칼의 원리를 고려하면서 토리첼리의 실험을 재연해보도록 하자. 압력을 계산하는 방법에 대해서는 아직 이야기하지 않았으므로 여기서는 실험을 통하여 공기 1기압에 해당하는 수은기둥의 높이가 76cm라는 점만 고려하고 논의를 전개하겠다.

1) 우선 1m 정도 되는 유리관에 수은을 가득 채우고, 수은이 든 다른 그릇 안에 거꾸로 세워놓는다.
2) 그렇다면 지금 유리관 속의 수은기둥 높이가 1m이기 때문에 분명히 유리관 아래쪽에는 1기압보다 높은 압력이 작용하게 된다. 즉 유리관 끝에 1기압보다 높은 압력이 작용하여 수은을 아래로 밀어주게 되고, 이로써 압력이 증가한다. 이것은 파스칼의 원리에 의하면, 그 압력이 모든 부분으로 전달된다는 것을 뜻한다.
3) 유리관 밖의 수은은 공기와 접해있기 때문에 항상 공기가 누르는 1기압의 압력을 받고 있다. 이렇게 되면 당연히 압력이 더 높은 유리관 아래쪽에서 수은이 공기를 밀어내어 유리관 밖의 수은 면이 올라가고, 이 빈자리를 유리관 안의 수은이 내려가서 메워주게 된다.
4) 이런 압력 차이에 의한 수은의 이동은 유리관 아래의 압력과 수은 면의 압력이 같아질 때까지 계속될 것이다. 즉 유리관 밖의 수은 면의 압력은 항상 1기압이기 때문에 유리관 아래의 압력이 1기압이 될 때까지 유리관 안의 수은이 밑으로 내려가게 된다. 그리고 이 1기압에 해당하는 수은기둥의 높이가 바로 76cm이다.

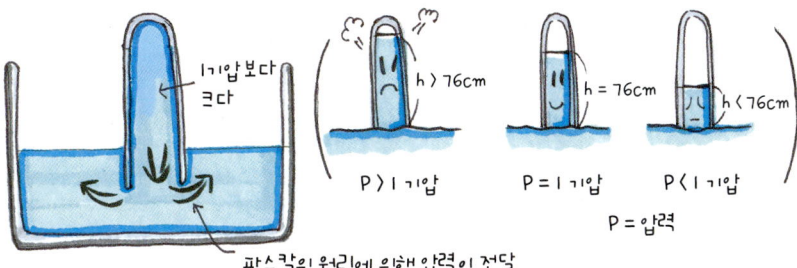

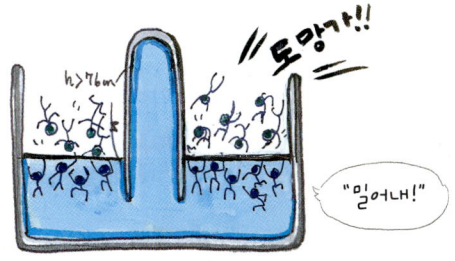

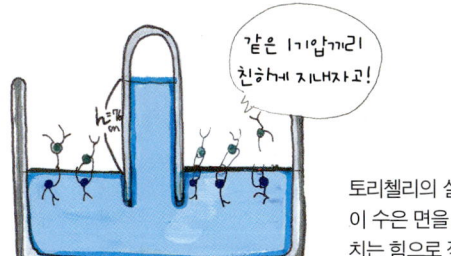

토리첼리의 실험에서 파스칼의 원리를 적용해보면, 기압이 수은 면을 누르는 힘이 어떻게 유리관 속 수은을 떠받치는 힘으로 작용하는지 명쾌하게 이해된다.

활발한 연구를 하던 파스칼은 수학과 물리학만으로는 만족을 못했는지, 아니면 무언가 종교적인 영감을 얻었는지는 모르지만, 수학과 물리학 연구를 접어두고 1655년에 홀연히 포르루아얄 수도원으로 들어가 신앙 문제에 깊이 몰두하기 시작했다.

그렇다고 여기서 파스칼의 천재성이 멈춘 것은 아니다. 이후로 종교학자이자 철학자로도 큰 업적을 남겼기 때문이다. 지금까지도 사람들한테 널리 읽히는 사상집인 『팡세(Pensees)』를 저술한 사람도 바로 파스칼이다. 『팡세』를 직접 읽어보지 않은 사람이라도 "인간은 생각하는 갈대이다."라는 말은 한 번쯤 들어봤을 것이다.

"인간은 하나의 갈대에 지나지 않으며 자연 가운데서 가장 약한 존재이다. 그러나 인간은 생각하는 갈대이다. 그를 죽이는 데 우주 전체가 무

'인간은 생각하는 갈대'라는 말을 남긴 파스칼은 수학과 물리학뿐 아니라 철학과 종교학 분야에도 큰 업적을 남겼다.

장할 필요는 없다. 하나의 증기, 하나의 물방울만으로도 능히 그를 죽일 수 있다. 그러나 우주가 그를 죽일 경우에도 인간은 우주보다 훨씬 존귀할 것이다. 왜냐하면 그는 자기가 죽는다는 것, 우주가 자기보다 우월하다는 것을 알고 있지만, 우주는 전혀 모르기 때문이다."

자신이 진정한 천재라는 점을 확실히 증명하고 싶었기 때문일까? 천재는 요절한다는 말처럼 1662년 8월, 파스칼은 39세의 젊은 나이로 수도원에서 신앙생활을 하다 세상을 떠났다. 어릴 때부터 수학과 물리학은 물론이고 철학과 종교학까지 분야를 넘나들며 이름을 남긴 파스칼은 '천재 그 이상의 천재'라고 불러도 지나치지 않을 것이다.

정압력 분포식 헤쳐 보기

높이에 따라 압력이 바뀐다는 파스칼의 발견은 다음과 같은 수식으로 나타낼 수 있다.

$$P = P_0 + \rho g h \text{ 혹은 } P - P_0 = \rho g h$$

여기서 P는 어느 지점에서의 압력이고, P_0는 기준점의 압력, ρ는 유체의 밀도, g는 중력가속도, h는 고도 차이 혹은 깊이 차이를 뜻하는 물리량이다. 이러한 파스칼의 발견은 움직이지 않는 유체에 대해서 성립하기 때문에, 이때의 압력 P를 정압력이라 부르기도 한다.

예를 들어서 토리첼리 수은계의 수은기둥 아래의 압력을 계산해보자.

수은기둥 윗면은 공기가 전혀 없는 진공 상태이므로 $P_0 = 0Pa$이다.(여기서 Pa는 압력을 재는 단위로 $1Pa = 1N/m^2$)

수은기둥의 높이 $h = 76cm = 0.76m$

수은의 밀도 $\rho = 13,550 kg/m^3$

중력가속도 $g = 9.81 m/s^2$

따라서 수은기둥 아래의 압력 P는 다음과 같이 계산된다.

$P = 0 + 13,550 kg/m^3 \times 9.81 m/s^2 \times 0.76 m$
  $= 101,023.38 N/m^2$
  $= 101,023.38 Pa$

수식으로 압력을 계산할 수 있게 하는 정압력 분포식이 $P = P_0 + \rho g h$가 되는 것은 파스칼이 실험을 통해서 증명한, 다음과 같은 사실을 이용하면 쉽게 이해할 수 있다.

- 압력은 유체(공기, 물)의 무게 때문에 생긴다.
- 압력의 정의는 단위면적당 작용하는 힘이다.

수은기둥의 무게는 지구가 아래로 당기는 힘인 중력과 같으므로, 수은기둥의 질량(m)과 중력가속도(g)를 곱해서 구할 수 있다.

즉 수은기둥의 높이를 h, 수은기둥의 단면적을 A라고 할 때 수은기둥의 부피 $V = A \times h$이고, 이때 수은기둥의 밀도는 ρ, (질량)=(밀도)×(부

고도 혹은 깊이 차이 h에 따라 압력이 변하는데, 이 차이가 클수록 압력은 커진다.

피)이므로,

(수은기둥의 무게)$=mg=\rho Vg=\rho gV=\rho gAh$

이 힘은 수은기둥의 무게 때문에 생기는 전체 힘이고, 단위면적에 작용하는 힘인 압력은 $\rho gAh \div A = \rho gh$로, 앞에서 정압력 분포식을 이용해서 구한 압력과 같은 결과가 나온다. 이제는 압력이 왜 생기는지 고민할 필요 없이 어느 지점의 압력을 구하고 싶으면 $P=P_0+\rho gh$라는 공식을 이용하면 될 것이다.

이 식에 나오는 물리량들에 대해서 간단히 살펴보자. 일반적으로는 유체의 밀도 ρ와 중력가속도 g가 크게 변하지 않는 경우가 많으므로, 결국

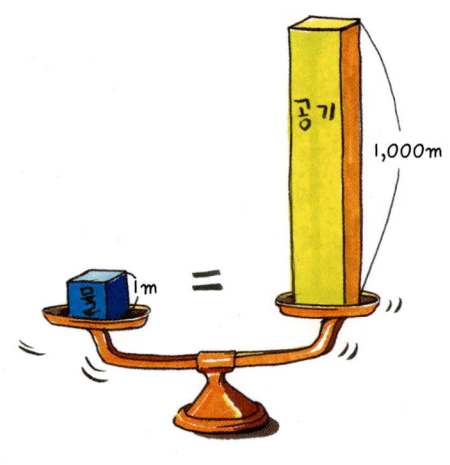

공기와 물은 밀도 차이가 1,000배에 가깝다.

압력 P에 가장 크게 영향을 미치는 물리량은 고도차 h이다. 이러한 사실은 산으로 올라가면서 고도가 높아짐에 따라 압력이 줄어든다는 실험을 통해 파스칼도 확인할 수 있었다. 그만큼 고도차 h는 중요하다.

그러나 이것은 곧 높이가 같다면 어느 지점에 있든지 그 압력도 같다는 점을 말해준다. 예를 들어, 서해 바다에서 2m 깊이 물속에 잠수한 사람이나 동해 바다에서 2m 깊이 물속에 잠수한 사람이나 똑같은 크기의 압력을 받는다는 얘기다.

그러나 유체가 바뀌면 이야기가 달라진다. 우리가 10층짜리 건물에 올라간다 해도 압력 차이를 크게 느끼지 못하고 생활하는 데 불편함이 없지만 물속으로는 2m만 잠수해도 높은 수압을 견디기 힘들어진다. 이는 물과 공기의 밀도가 다르기 때문이다. 물의 밀도는 약 $1,000 kg/m^3$로, 공기의 밀도인 $1.2 kg/m^3$보다 약 1,000배 가까이 크다. 즉 물속으로 1m 내려가면서 변화하는 압력을 공기 중에서 똑같이 느끼려면 땅속으로 1,000m는 파고들어 가야 느낄 수 있는 것이다.

이와 같이 정압력 분포는 수식을 이용해서 구할 수 있지만, 파스칼의 또 다른 발견인 파스칼의 원리는 수식이 아니라 말로만 표현된다.

파스칼의 원리를 다시 한 번 소개하면, "유체의 한 부분에 압력을 가하면 유체 안의 모든 부분에 균등하게 전달된다."이다.

이것은 고체와 구별되는 유체(액체, 기체)의 고유한 성질이면서 유체에 신비로움을 더해주는 성질이다.

예를 들어, 그림과 같이 U자형 튜브가 있고, A 지점에는 단면적이 $10cm^2$, B 지점에는 $40cm^2$인 뚜껑이 각각 입구에 덮여있다고 하자. 여기서 A 지점에 10N의 힘을 가하면 B 지점에는 몇 N의 힘이 작용할까?

정답을 미리 말하면 40N이다. A 지점에서 10N의 힘으로 누르면 당연히 같은 힘인 10N이 전달되어야

파스칼의 원리를 이용한 실험. 한 지점에 작용하는 압력이 유체 안 모든 부분에 균등하게 작용한다.

할 것 같은데, 어떻게 해서 B 지점에는 40N의 힘이 발생할까?

이 현상을 설명하기 위해서는 한 지점에 작용하는 압력이 유체의 모든 부분에 균등하게 작용한다는 파스칼의 원리를 염두에 두어야 한다.

A 지점의 유체에 작용하는 압력을 계산해보면, (압력)=(힘)÷(면적)이므로 $10N÷10cm^2=1N/cm^2$이다. 이 압력은 파스칼의 원리에 의해 그대로 B 지점에 전달된다. 정확히 말하면, U자형 튜브 안의 모든 유체에 전달된다. 이때 B 지점의 뚜껑이 받는 힘은 (압력)×(면적)이므로, $1N/cm^2×40cm^2=40N$이다.

단지 10N의 힘으로 밀었을 뿐인데 40N의 힘을 낼 수 있다니, 파스칼의 원리는 호기심 차원을 넘어서 우리 생활의 많은 부분에서 실질적인 도움을 주고 있다. 덤프트럭이나 포크레인 같은 건설용 차량이나 자동차 브레이크, 산업용 로봇 팔 같은 장비는 유압 장치를 이용해서 사람이 낼 수

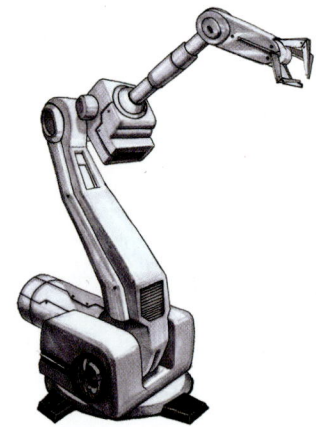

파스칼의 원리는 우리 생활의 많은 부분에서 실질적인 도움을 주고 있다. 포크레인이나 산업용 로봇 팔에 쓰이는 유압 장치 역시 파스칼의 원리가 적용된 것이다.

없는 큰 힘을 발휘한다. 이 유압 장치의 기본 원리가 바로 파스칼의 원리이다. 앞에서 보인 예에서 극단적으로 A 지점의 면적이 $1cm^2(=0.0001m^2)$ 이고, B 지점의 면적이 $1m^2$인 경우를 생각해보자.

    A 지점에 10N의 힘을 주면, 압력은 $10N \div 0.0001m^2 = 100,000Pa$

    B 지점에 전달되는 힘은 $100,000Pa \times 1m^2 = 100,000N$

단순히 면적을 바꾸었을 뿐인데, 같은 힘으로 무려 1만 배의 힘을 얻을 수 있음을 확인할 수 있을 것이다. 유체는 신비롭기만 하다.

압력 이해하기 1 : 삶이 고달픈 이유

사람들은 입버릇처럼 사는 게 괴롭다고 말하곤 한다. 이렇게 인간의 삶이

고달플 수밖에 없는 이유가 압력 때문이라고 말한다면 실없는 농담으로만 들릴까?

　압력 분포를 온몸으로 느끼고 싶다면, 주저 말고 물속으로 잠수해보라. 우선 귀부터 멍해지고, 그 다음엔 물이 누르는 답답함에 금세 수면 위로 올라가고 싶을 것이다. 하지만 굳이 잠수해서 물의 무게를 더하지 않더라도 우리는 항상 공기의 무게를 견디며 살아가고 있다.

　대기압은 어느 정도의 무게로 우리를 짓누르고 있을까? 뭐, 우리가 생활하는 데 아무런 불편이 없으니까 그 무게는 무시할 수 있을 만큼 작을 테지만 한번 직접 계산해보자.

　토리첼리의 실험에 의하면, 수은기둥 76cm 정도의 압력이 바로 1기압이다. 이 말은 공기가 위에서 누르는 압력은 수은기둥 76cm가 누르는 압력과 같다는 것을 의미한다.

　앞에서 계산해보았듯이,

압력 $P = 0 + \rho g h$
$= 13{,}550 \text{kg/m}^3 \times 9.81 \text{m/s}^2 \times 0.76 \text{m}$
$= 101{,}023.38 \text{N/m}^2$

　성인 남자의 어깨너비는 약 0.5m, 성인 남자의 앞뒤 폭을 약 0.2m 정도로 생각하면 공기가 누르는 단면

우리를 위에서 누르는 공기의 무게, 즉 압력을 계산해보면, 대충 성인 한 명당 고릴라 일곱 마리를 짊어지고 있다는 결론이 나온다. 그러니 삶이 버거울 수밖에!

적은 0.5m×0.2m=0.1m²이다. 이때 위에서 누르는 힘의 공식은 (압력)×(면적)이므로, 101,023.38N/m²×0.1m²=10,102.338N이 된다.

이것은 얼마나 큰 힘일까? 이해를 돕기 위해서 이 힘을 중력가속도 9.81m/s²로 나누면 1,029kg이 나온다. 뭐, 계산하는 과정에 보기 싫은 숫자들이 나와서 머리 아프다면 중간 계산 과정은 잊어도 좋다. 여하튼 일반 성인 한 명은 1,029kg의 무게를 짊어지고 사는 것이다.

유인원 중 가장 큰 종인 고릴라는 보통 무게가 150kg 정도 되니까 1,029kg÷150kg=6.86, 즉 성인 한 명당 고릴라 일곱 마리를 업고 사는 셈이다. 가만히 숨만 쉬고 있어도 고릴라 일곱 마리를 어깨에 짊어지고 살아야 하니, 삶이 고달플 수밖에 없는 것 아닐까.

나도 마술사

요새는 미팅에 나가서 이른바 '킹카, 퀸카'가 되려면 개인기 한두 개 정도는 필수로 갖추고 있어야 한다고들 말한다. 성대모사나 연예인 흉내 같은 개인기도 인기가 있지만, 남들과 달리 마술을 보여준다면 눈에 띌 수 있지 않을까? 이번에는 미팅에서 킹카 혹은 퀸카가 될 수 있는 마술 개인기를 하나 소개하겠다.

미팅 장소가 아무리 빵집, 커피숍, 칵테일바로 바뀐다 해도 어느 곳에서나 물컵 하나 정도는 쉽게 찾을 수 있을 것이다. 여기에 엽서 한 장만 미리 챙겨둔다면 마술 준비는 일단 끝.

컵을 뒤집어도 엽서가 떨어지지 않는 비밀은 압력에 있다. 자, 이제 상식만 있다면 너도 나도 할 수 있는 마술을 펼쳐보자.

우선 물 컵에 물을 가득 채우고 종이 엽서로 덮는다. 그리고 컵을 들고 거꾸로 뒤집자. 과감하게 손을 떼면 어떤 일이 벌어질까?

'짜잔~' 마술이 일어났다. 당장이라도 물이 흘러내릴 것 같지만 놀랍게도 엽서는 떨어지지 않고 물도 흘러내리지 않는다. 이제 앞에 있는 파트너의 박수갈채를 기대해도 될 것이다.

자, 그럼 두 눈을 동그랗게 뜬 파트너가 어떻게 한 거냐고 물어볼지도 모르겠다. 이럴 때는 우선 가볍게 씩 웃으면서 여유를 부리며 뜸 들이는 것도 마술사의 기본자세이고, "마술이야!"라고 쉽게 대답하는 것도 마술사다운 답변이지만, 적어도 본인은 그 원리를 알고 있어야 하지 않을까.

사실 숨어있는 마술사는 바로 압력이다. 컵에 물을 가득 채우고 뒤집으면 엽서에는 컵 안에 있는 물의 무게만큼의 힘이 아래로 작용한다. 이때 엽서 바깥면에서는 힘이 어떻게 작용할까? 물론 그 힘의 크기는 대기압이다. 그리고 그 방향은 엽서를 위로 올리는 쪽으로 작용한다. 압력 자체는 방향이 없기 때문에 압력의 방향은 압력이 작용하는 면의 방향에 의해서 정의된다. 엽서의 윗면에는 물의 무게만큼의 힘이 아래로 작용하고 아랫면에서는 대기압만큼의 힘이 위로 작용하게 된다. 어느 힘이 더 클까? 당연히 대기압에 의한 힘이 더 크다. 대기압의 힘은 고릴라 일곱 마리와 같은 무게에 해당하지 않는가. 토리첼리의 기압계에서 관을 수은이 아닌 물로 채우면 물기둥의 높이는 10m가 넘는다. 즉 10m가 넘는 물기둥이 1기압과 같은 힘을 내는 것이다. 만약에 컵이 11m 정도 된다면 엽서가 아래로 떨어져 물이 흘러내릴 수 있겠지만, 미팅하는 장소에서 10m가 넘는 컵에 물을 마실 리는 없으니 그런 걱정은 할 필요가 없을 것이다.

물론, 미팅에서 이런 설명을 하는 것이 좋은지 아닌지는 별개의 얘기이다.

압력 이해하기 2 : 행운의 동전 던지기

배를 타고 여행을 해본 적이 있는지? 배가 파도를 헤치고 에메랄드빛 물보라를 일으키며 시원스럽게 달릴 때 느껴지는 기분과 그 멋스러운 광경은 경험해보지 않은 사람은 알지 못할 것이다. 유명한 관광지에 가면 분수대에 동전을 던지며 소원을 비는 사람도 있지만, 아무리 유명한 분수도 푸르른 바다의 장관에는 비교가 되지 않는다. 바다를 오염시킬지도 모르지만 눈 딱 감고 행운의 동전을 던지며 소원을 빌어본다. 예쁘고 착한 여자친구가 생기게 해달라고.

소원이 정말 이루어질지는 알 수 없지만, 바다에 던진 동전이 어떻게 될지는 한번 생각해보자. 이번에는 보기를 준비했으니 객관식으로 풀어보자.

① 어느 정도 깊이까지는 가라앉지만 더 깊이 내려갈수록 압력 분포 때문에 압력이 증가해서 어느 깊이 이상으로는 가라앉지 않는다.
② 어느 깊이 이상으로 내려가면 높은 수압 때문에 동전이 찌그러진다.
③ 동전은 아무 변형 없이 바다 바닥까지 가라앉는다.

싱거운 대답이 될지 모르겠지만, 정답은 ③번이다. 참고로 지구상에서 가장 깊은 바다는 태평양 서부에 있는 마리아나 해구로 깊이가 11,034m나 된다. 정답이 ③번이라는 말은, 마리아나 해구에서 동전을 던진다 해도 동전은 아무 거리낌 없이 11,034m 바닥으로 가라앉는다는 뜻

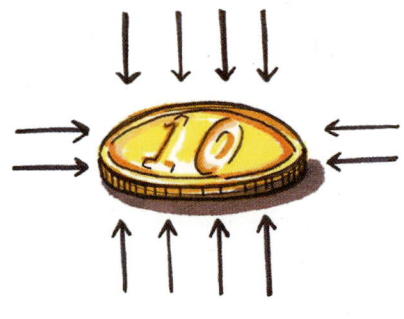

물속 깊이 들어간 동전은 어떤 힘을 받을까? 압력 자체는 방향이 없고, 물체의 표면에서 압력에 의한 힘은 수직으로 작용한다.

이다. 이 정도 깊이면 수압이 엄청날 텐데 동전이 보기 ①번에서 말한 것처럼 가라앉다가 멈추거나, 아니면 ②번처럼 찌그러지지는 않을까?

이 문제를 풀기 위해서는 압력 자체의 크기보다 압력 차이로 생기는 힘의 크기가 더 중요하다는 점을 염두에 두어야 한다. 압력 자체는 방향이 없고, 물체의 표면에서 압력에 의한 힘은 수직으로 작용한다.

동전이 깊은 바다 속에 있을 때 압력은 그림과 같이 모든 면에 작용한다. 동전의 좌우 방향에 걸리는 힘은 그 크기가 서로 같고 방향이 반대이기 때문에 상쇄된다. 위에서 누르는 힘과 아래에서 미는 힘은 깊이에 따른 차이 때문에 압력 차가 생겨서 어느 정도 힘이 발생하지만, 동전 두께가 얇아서 그 압력 차에 의해 생기는 힘도 미세하다. 압력 값 자체는 11,034m인 마리아나 해구가 크지만 동전 두께에 의한 압력 차는 수심에 상관없기 때문에, 1m 깊이에 있는 동전이 받는 힘이나 11,034m의 깊이에 있는 동전이 받는 힘은 똑같다.

그렇다면 동전보다 훨씬 튼튼하게 만들어진 잠수함은 왜 깊은 바다 속으로 잠수하면 부서질까? 「U-571」(조나단 모스토우 감독, 2000년) 같은 잠수함 관련 영화를 보면 알겠지만, 실제로 잠수함은 한계수심이 정해져 있어서 그 이상 잠수하면 찌그러진다. 동전보다 튼튼한 잠수함이 찌그러지는 이유는 그 안이 비어있기 때문이다. 잠수함에는 사람들이 탑승해야 하고, 따라서 사람들이 생존하기 위한 조건을 만들기 위해 잠수함 안의 압력은 항상 대기압(1기압)과 거의 같도록 유지하고 있다.

깊은 바다에서는 잠수함 밖의 높은 외압(물의 수압)과 잠수함 안의 낮은 내압(잠수함 내부 공기압)이 평형을 이루지 않기 때문에, 어느 깊이 이상으로 내려가 잠수함 외부에서 가하는 힘이 내부에서 버티는 힘보다 커지면 잠수함은 찌그러지고 부서지게 된다.

잠수함은 한계수심을 넘는 깊은 바다로 내려가면 외압을 견디지 못해 찌그러진다.

아르키메데스
: 옷 벗고 뛸 만큼 대단한 발견

성경에도 나와 있듯이, 배가 물 위에 뜨는 현상은 오랜 세월 동안 신비롭게 여겨졌다. 700년 넘게 풀리지 않던 이 신비로운 문제를 해결한 사람은 바로 아르키메데스(Archimedes, 기원전 287~212년)이다.

'아르키메데스의 원리' 또는 '부력의 원리'는 다음과 같다.

"유체에 잠긴 물체는 잠긴 부분의 부피에 해당하는 유체의 무게만큼 부력을 받는다." 조금은 난해한 말로 표현되었을지도 모르지만, 부력의 원리는 일상생활에서 쉽게 경험할 수 있다. 수영장이나 목욕탕에서 물속에 들어가 손을 위아래로 움직여보면, 무언가가 손을 위로 올리는 듯한 힘이 느껴질 것이다. 그리고 우리는 물속에 가라앉지 않고 떠서 수영을 할 수 있다. 이렇게 유체 속에서 물체를 위로 뜨게 하는 힘이 아르키메데스가 발견한 부력이다. 아르키메데스는 부력의 크기를 구하는 방법을 발견하였는데, 그 크기는 방금 말한 바와 같이 물속에 잠긴 부분의 부피에 해당하는 유체의 무게이다.

아래 그림과 같이 물이 가득 차있는 욕조를 생각해보자.

아르키메데스가 이 욕조에 몸을 담근다면, 아래 그림과 같이 그가 물에 잠긴 만큼 당연히 물이 넘칠 것이다.

이때 아르키메데스가 물에 잠긴 부분의 부피가 V라면 넘친 물의 부피도 V가 되고, 이때 넘친 물의 무게가 바로 부력의 크기이다.

물의 밀도를 ρ, 중력가속도를 g라 하면,

(물의 질량)=(물의 밀도)×(잠긴 부분의 부피)=ρV

(물의 무게)=(물의 질량)×(중력가속도)=ρV×g로 구할 수 있으므로, (부력)=ρgV로 표현할 수 있다.

부력의 크기는 넘친 물의 크기와 같다.

지구를 움직인 사람

고대 그리스 최대의 수학자이자 물리학자인 아르키메데스는 시칠리아 섬의 그리스 도시 국가 시라쿠사에서 태어났다. 그리스 시대의 위대한 과학자 아르키메데스의 가장 큰 업적을 꼽으라면, 역학의 시작이라고도 볼 수 있는 지레의 원리와 부력의 원리(아르키메데스의 원리)를 발견한 것이다. 아르키메데스는 단순히 계산이나 실험으로만 학문을 발전시키는 데서 멈추지 않고 이것을 실제 생활에 응용하였기 때문에 아르키메데스와 그의 업적에 대해서는 재미있는 일화가 몇 가지 있다.

아르키메데스는 "나에게 설 곳을 달라. 지구를 움직여 보이겠다.(Dos moi pou sto kai kino ten gen.)"라는 유명한 말을 남기기도 했는데, 이는

설 곳만 있으면 지구를 들어올리겠다고 장담한 아르키메데스.

그가 발명한 지레의 원리에 대한 대단한 자부심을 보여준다. 실제로 아르키메데스는 시라쿠사의 히에론(Hieron) 왕에게 자신의 말을 증명했다. 아르키메데스는 복활차(지레의 원리를 이용한 장비로, 겹도르래라고도 한다.)를 사용해 한 사람에게 해안 가까이 있는 대형 군선을 혼자서 거뜬히 해변까지 끌어당기도록 시켜서 그 당시 사람들을 놀라게 했다.

지레의 원리를 이해하기 위해서는 모멘트의 개념을 이해해야 한다. 모멘트에 대해서는 이 책 뒤에 있는 부록에서 간단히 소개하였다. 모멘트에 대한 이야기는 앞으로도 이 책에서 계속 나오기 때문에 부록을 먼저 읽는 것이 도움이 될 것이다.

아르키메데스에 대한 일화 중 가장 유명한 이야기는 유체역학에서 말하는 부력의 원리(아르키메데스의 원리)를 발견한 이야기이다. 아르키메데스의 조국인 시라쿠사의 왕 히에론은 어느 날 왕관 기술자에게 금덩이를 주고 왕관을 만들게 하였다. 기술자는 아름다운 왕관을 히에론 왕에게 바쳐 기쁘게 만들었지만, 얼마 지나지 않아 히에론 왕은 그 기술자가 왕관에 써야 할 황금 가운데 일부를 빼돌리고 그 대신 같은 무게의 은을 섞었다는 소문을 들었다. 하지만 그 소문만 믿고 아름다운 왕관을 망치면서까지 진실을 알아낼 수도 없는 노릇이었다. 결국 왕은 고민 끝에 시라쿠사의 가장 위대한 과학자 아르키메데스에게 왕관을 망가뜨리지 않고 사실을 조사할 방법이 있는지 알아보라는 명령을 내렸다.

아르키메데스는 밤낮없이 이 문제를 놓고 궁리했으나 좀처럼 좋은 방법이 생각나질 않았다. 자나 깨나 머리를 싸매고 고민했지만, 도저히 왕관을 부수지 않고는 알아낼 도리가 없었다. 그러던 어느 날 아르키메데스는 기분 전환을 하려고 목욕탕에 갔다가 평상시에 그래왔던 것처럼 욕조 속에 몸을 담갔는데, 그때 욕조 밖으로 왈칵 물이 흘러넘쳤다. 뉴턴이 떨어지는 사과 하나를 보고 모든 물체 사이에는 서로 끌어당기는 힘이 작용한다는 만유인력의 법칙에 대한 힌트를 얻었듯이, 아르키메데스는 목욕탕에서 넘치는 물을 보고 순식간에 문제를 해결할 단서를 찾아냈다. 바로 아르키메데스의 원리를 발견하는 순간이었다. 그 다음부터는 우리에게도 익숙한 이야기일 것이다. 너무나 기쁜 나머지 아르키메데스가 "유레카!"라고 외치며 알몸으로 거리를 뛰어갔다는 바로 그 이야기.

마음을 가다듬은 아르키메데스는 당당히 궁으로 들어가 왕 앞에서 간단한 실험을 해보였다. 우선 왕관과 같은 무게의 황금 덩어리와 은 덩어

아르키메데스는 같은 무게의 왕관과 금 덩어리를 각기 다른 수조에 넣어 히에론의 왕관이 순금이 아님을 증명했다.

리를 물로 가득 채운 수조 두 개에 각각 넣어, 은 덩어리를 넣은 쪽이 물이 더 많이 흘러넘치는 것을 보여주었다. 즉 아르키메데스는 같은 무게일지라도 물체마다 넘치는 물의 양이 다르다는 사실을 밝혀낸 것이다. 그 다음에는 본격적으로 왕관과 황금 덩어리를 비교해 보였다. 한쪽에는 왕관, 다른 한쪽에는 왕관과 같은 무게인 황금 덩어리를 넣음으로써 흘러넘치는 물의 양이 다름을 직접 눈으로 보여준 것. 이렇게 해서 그는 왕의 고민을 해결해줄 수 있었다.

아르키메데스의 최후에 대해서는 다음과 같은 이야기가 남아있다. 그의 조국인 시라쿠사가 포에니 전쟁에서 패색이 짙어갈 무렵, 로마군 사령관인 마르켈루스(Marcus Claudius Marcellus, 기원전 268?~208년)는 위대한 과학자 아르키메데스에 대한 명성을 듣고 그를 살해하지 말라는 명령을 내렸다. 시라쿠사로 침략한 로마인 병사가 어느 집 문을 박차고 들어가니 거기에 한 노인이 멍하니 쪼그린 채로 앉아있었다. 그 초라한 노인은 바로 아르키메데스이며 당시 그는 골똘히 기하학 문제를 궁리하고 있는 중이었지만, 무지한 병사는 기하학이 무엇인지도 몰랐고 아르키메데스가 누구인지는 더더욱 몰랐다. 병사를 본 아르키메데스가 조용히 얼굴을 들고 "나의 원을 지우지 말라."라는 말을 하는 순간 그는 로마인 병사의 손에 죽었다.

그로부터 약 140년 후인 기원전 75년, 로마의 정치가이자 웅변가인 키케로(Cicero, 기원전 106~43년)가 시라쿠사에서 폐허 상태인 아르키메데스 묘를 발견했을 때 그 비석에는 대수학자다운 묘비명이 새겨져 있었다. 즉 묘비명 대신 아르키메데스가 발견했던 자랑할 만한 명제인 '구의

아르키메데스 묘비에는 그가 발명한 명제를 나타내는 도형이 새겨져 있다.

부피는 그것에 외접하는 원기둥의 3분의 2이다.'를 의미하는 도형이 새겨져 있었다고 한다.

아르키메데스의 원리 헤쳐 보기

눈치가 빠른 사람은 이런 의문을 품을지도 모르겠다. 보아 하니 이 책에서 파스칼, 아르키메데스, 베르누이라는 세 명의 과학자와 그들의 이론을 설명하는 것 같은데, 왜 파스칼을 제일 먼저 소개했을까? 대부분 역사적 인물을 소개할 때는 시대순으로 하는데, 그런 식으로 하자면 아르키메데스가 순서상 가장 먼저 아닌가.

맞는 말이다. 과학의 역사적 흐름과 과학 발전은 같은 맥락에 있기 때문에 시대순으로 전개하는 방법은 충분히 의미가 있다. 또한 인물 비중으로 보더라도 아르키메데스라는 과학자의 위상이 파스칼보다 전혀 낮은 것이 아니다. 그럼에도 불구하고 파스칼과 정압력 분포를 먼저 소개한 것은 사실 아르키메데스가 발견한 부력의 원리 뒤에 정압력 분포가 숨어있기 때문이다. 아르키메데스는 일종의 경험적인 방법에 의해서 부력의 원리를 발견했다. 물론 경험적이고 실험적인 방법론은 매우 중요하다. 특히 아르키메데스가 살던 시절 그리스 학자들이 대부분 관념적인 공리공론에 빠져서 실용적인 발전을 이끌지 못했음을 상기한다면, 아르키메데스의 과학적인 탐구 자세는 과학사에서도 그 의미가 크다. 하지만 아르키메데스도 부력의 원리가 생기는 원인까지는 밝혀내지 못했고, 그에 대해서는 생각하지 않는 경우가 많다. 이번 기회에 부력이 발생하는 이유를 정압력 분포를 통해서 구해보고자 한다.

오른쪽 그림 (가)와 같이 물속에 잠긴 직육면체를 생각해보자.

이때 직육면체의 부력을 계산하기 위해 직육면체의 단면적은 A이고 높이는 ℓ 이라고 하자. 아르키메데스의 원리(부력의 원리)에 의하면, 물속에 잠긴 물체는 물에 잠긴 부분의 부피에 해당하는 유체의 무게만큼 부력을 받는다.

즉 (부력) B = (물의 밀도) ρ × (중력가속도) g × (잠긴 부분의 부피) V = $\rho g A \ell$ 을 구할 수 있다.

이번에는 이 직육면체가 받는 정압력의 크기를 구해보자. 직육면체는 그림 (나)와 같이 모든 면에서 수압을 받고, 이 수압은 정압력 분포에 의

물속에서 직육면체가 받는 힘은 윗면에 작용하는 힘과 아랫면에 작용하는 힘의 차이이다.

해 아래로 내려갈수록 증가할 것이다.($P = P_0 + \rho gh$) 그림 (나)에서 보는 바와 같이 좌우 방향으로 작용하는 압력은 서로 그 크기가 같고 방향이 반대이기 때문에 상쇄되고, 앞뒤 방향으로 작용하는 압력도 서로 상쇄된다. 결국 압력의 차에 의해서 생기는 힘은 윗면 a와 아랫면 b에 작용하는 압력에 대한 힘이다. (P_0 : 대기압, h_a : a 지점까지의 깊이, h_b : b 지점까지의 깊이)

윗면 a에서 받는 수압 $P_a = P_0 + \rho gh_a$

윗면 a에 작용하는 힘 $F_a = P_a \times A = (P_0 + \rho gh_a) \times A$

아랫면 b에서 받는 수압 $P_b = P_0 + \rho gh_b$

아랫면 b에 작용하는 힘 $F_b = P_b \times A = (P_0 + \rho g h_b) \times A$

이때 직육면체가 받는 힘은 윗면에 작용하는 힘과 아랫면에 작용하는 힘의 차이이므로, 다음과 같이 구할 수 있다.

$F = F_b - F_a = (P_0 + \rho g h_b) \times A - (P_0 + \rho g h_a) \times A$
$= \rho g h_b A - \rho g h_a A = \rho g A (h_b - h_a) = \rho g A \ell$ (여기서 $\ell = h_b - h_a$)

이 결과를 앞에서 아르키메데스의 원리로 구한 부력값과 비교해보면 (46쪽 참조) 두 결과가 모두 $\rho g V$로 같음을 알 수 있고, 이는 직육면체가 아닌 임의의 형상에 대해서도 마찬가지이다. 결국 부력이라는 것은 하늘에서 갑자기 떨어진 새로운 힘이 아니고 물속에서 상하 방향의 압력 차로 인해 생기는 힘이다.

부력 이해하기 1 : 잠수함 움직이기

직육면체의 물체가 물속에 잠겨있을 때 이 물체에 걸리는 모든 힘을 구해보자.

우선 물속에 있든 땅 위에 있든 간에 지구상의 모든 물체는 항상 중력을 받고, 그 중력은 아래 방향으로 작용한다.

물속에 있는 물체는 주위 유체(물)로부터 압력을 받고, 이 압력은 앞에서 본 바와 같이 부력으로 작용한다. 부력은 물체의 부피에 해당하는 물의 무게와 같으므로 부력 $B=\rho gV$가 위로 작용한다. 즉 오른쪽 그림과 같이 직육면체에 작용하는 외력을 모두 표현할 수 있다.

자, 그렇다면 이 물체는 위로 떠오를까, 아래로 가라앉을까, 아니면 가만히 그 위치를 유지할까? 정답은 싱겁게도 "아직은 알 수 없다."이다. 물체가 움직이기 위해서는 속도 성분이 존재해야 하고, 정지해있던 물체가 0이 아닌 속도로 움직이기 위해서는 가속도가 존재해야 한다. 뉴턴의 법칙인 $F=ma$에 의하면, 힘의 합 F와 가속도 a가 비례하므로 힘의 방향과 크기를 알면 가속도와 움직이는 방향을 알 수 있다.($a=\dfrac{F}{m}$)

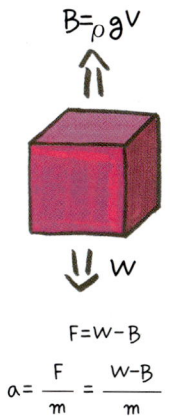

위로 뜨려는 힘인 부력과 아래로 당기는 힘인 중력 중 어느 것이 더 크냐에 따라 물체의 방향이 결정된다.

지금 이 직육면체가 받는 모든 힘은 중력(W)과 부력(B)이므로 외력의 합은 $F=W-B$로 표현된다.

$a=\dfrac{F}{m}=\dfrac{W-B}{m}$의 관계에서, 중력이 부력보다 크면 직육면체는 중력 W의 방향, 즉 아래쪽으로 움직인다(가라앉는다). 반대로 중력보다 부력이 크면 직육면체는 위쪽 방향으로 움직인다(떠오른다). 때로는 중력과 부력이 같을 수도 있는데, 이 경우에는 외력이 0이 되므로 가속도도 0이 되어 직육면체는 움직이지 않고 그 깊이에서 멈추어있을 것이다.

번거롭게 수식으로 정리했지만, 결국 무거우면 가라앉고 가벼우면 떠오른다는 너무나 상식적인 이야기이다. 하지만 이 당연한 결과가 고도의 과학 장비인 잠수함 심도 조절의 기본 원리이기도 하다. 그 은밀성으로

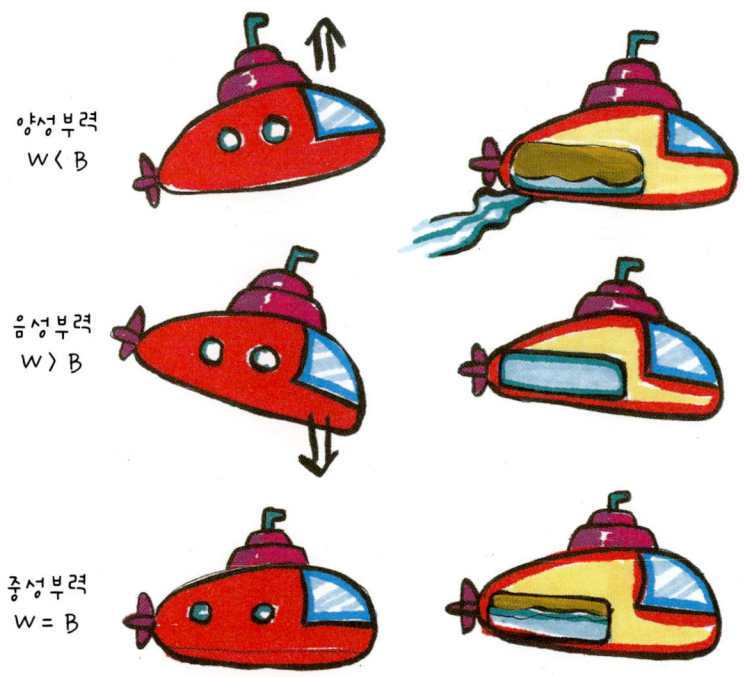

잠수함의 심도를 조절하는 기본 원리는 중력과 부력의 평형 관계이다.

인하여 현대전에서 중요성이 더욱 부각되는 잠수함은 마치 비행기가 하늘을 날듯 물속에서 위아래로 심도를 조절하면서 이동할 수 있어야 한다. 잠수함도 일종의 날개인 수평타가 있지만, 심도 조절의 기본 원리는 바로 부력과 중력의 평형 관계이다.

잠수함의 부피는 변하지 않으므로 부력은 그대로이고, 잠수함은 질량을 변화시킴으로써 중력을 변화시킬 수 있다. 잠수함에는 부력 탱크라는 일종의 물탱크가 설치되어있다. 작전상 잠수함이 더 깊이 잠수해야 할 경우에는 부력 탱크에 바닷물을 주입시킨다. 이렇게 하면 전체 질량이 증가하므로 깊이 잠수할 수 있게 된다.

잠수함을 위로 부상시키고 싶으면 부력 탱크에 압축 공기를 주입시켜 그 안에 있는 바닷물을 잠수함 밖으로 배출시킨다. 이렇게 하면 부력 탱크는 빈 상태가 되어 잠수함 전체 질량이 감소하고 잠수함은 부상한다.

잠수함은 항상 위아래 지그재그로 움직이지 않고 일정 심도를 유지하는 것이 중요하다. 이때에는 중력과 부력이 평형을 이루게 하면 된다.

부력 이해하기 2 : 아르키메데스도 못 푸는 문제

우리 전래 동화 「콩쥐팥쥐」 이야기에는 착한 두꺼비가 나온다. 콩쥐를 잔칫집에 데려가지 않으려고 계모가 콩쥐에게 '밑 빠진 독에 물 붓기'라는

「콩쥐팥쥐」 동화에 나오는 두꺼비가 독 안에서 받는 부력을 계산하기 위해 두꺼비를 정육면체 모양으로 가정하겠다.

말도 안 되는 일을 시켰을 때 기꺼이 물이 가득 찬 독 안으로 들어가서 구멍을 막아주었던 그 용감한 두꺼비 말이다. 과연 이 두꺼비가 얼마나 힘든 일을 한 건지 두꺼비가 받는 부력을 계산해보자.

앞의 그림에서 보이는 바와 같이 독의 깊이가 1m이고, 바닥에는 가로 세로 10cm 넓이로 구멍이 뚫려있다고 생각해보자. 이 이야기에 등장하는 두꺼비가 어떻게 생겼는지는 아무도 모르므로, 두꺼비의 형태에 대해서는 대략 높이가 10cm이고 가로 세로 길이는 10cm보다 약간 커서 구멍을 간신히 막을 수 있는 정육면체로 가정하겠다. 그 다음에는 1m 높이의 독 바닥에 잠겨있는 정육면체에 걸리는 부력을 계산하면 될 것이다.

두꺼비가 받는 힘은 물에 의해 받는 부력에 자기 무게로 인해 받는 중력을 더한 값일 테고, 이제 앞 장에서 살펴본 공식을 이용해서 부력을 계산하면······

물의 밀도 ρ는 $1,000 \text{kg/m}^3$, 중력가속도 g는 9.8m/s^2이므로
부력 $B = \rho g V = 1,000 \text{kg/m}^3 \times 9.8 \text{m/s} \times (0.1\text{m} \times 0.1\text{m} \times 0.1\text{m}) = 9.8\text{N}$

부력은 물에 잠긴 물체를 물 위쪽으로 띄우는 힘이므로 두꺼비는 위로 9.8N의 힘을 받는다. 일반적으로 동물은 밀도가 물보다 작다. 예를 들어 두꺼비의 밀도가 물의 밀도의 90% 정도 된다고 하면, 중력이 부력의 90%가 되니까 중력은 9.8N×0.9=8.82N이고, 결국 두꺼비가 받는 힘은 중력에서 부력을 빼고 남은 만큼의 힘 8.82N-9.8N=-0.98N의 힘을 위쪽으로 받는다.

독 안의 두꺼비가 받는 힘이 정말 0.98N의 부력일까?

밑 빠진 독의 구멍을 메우고 물 위로 뜨지 않기 위해서 구멍에 매달린 두꺼비의 수고가 고맙기는 하지만, 생각보다 힘들지는 않은 일이었던 것 같다.

그런데 두꺼비가 한 일이 정말 이렇게 쉬운 것이었을까? 나름대로 열심히, 그리고 명쾌하게 풀었지만 어딘가 찜찜한 구석이 있다. 두꺼비가 구멍을 막지 않았다면, 분명 물은 독 아래로 새어나갔을 것이다. 즉 물은 아래로 내려가려는 성질이 있고, 그렇다면 물이 새어나가지 못하게 막고 있는 두꺼비는 힘을 아래로 받고 있어야 되지 않을까? 하지만 좀 전에 한 풀이에서는 부력이 위로 작용해서 오히려 두꺼비를 위로 띄우는 역할을 했다. 앞에서 계산한 풀이가 과연 맞는 것일까?

아르키메데스가 밝힌 부력의 원리에 의하면, 물속에 잠긴 물체는 그 자신의 부피에 해당하는 물의 무게만큼의 힘을 받고 위로 떠오르려는 성질이 있다. 아르키메데스는 이것을 수식으로 정리하여 부력 $B = \rho g V$로 간략하게 계산할 수 있었지만, 부력이 발생하는 이유를 설명한 것은 아니었다. 밑 빠진 독 안에 있는 두꺼비가 받는 부력(?)을 아르키메데스는 절대 풀지 못한다. 즉 결과적으로 나오는 공식인 부력 $B=\rho gV$가 아니라 부력이 생기는 원인인 압력 분포 자체를 이용해서 계산해야만 풀 수 있다.

물속에 잠긴 물체에 작용하는 힘은 압력에 의해 발생한다. 정육면체 두꺼비에 걸리는 압력은 좌우 대칭, 전후 대칭이므로 좌우 방향, 전후 방향으로 작용하는 힘은 서로 상쇄되어 0이 된다. 그렇다면 정육면체에 작용하는 힘은 물이 위에서 눌러주는 압력과 바닥에서 위로 올려주는 압력의 차이에서 발생한다.

정육면체라고 가정한 두꺼비 윗면에 걸리는 압력을 P_t라 하면,

$P_t = P_0 + \rho gh$

　$= 0 + 1{,}000 kg/m^3 \times 9.8 m/s^2 \times 0.9 m$

　$= 8{,}820 N/m^2$

힘은 (압력)×(면적)이므로 위에서 누르는 힘은

$F_t = 8{,}820 N/m^2 \times 0.1 m \times 0.1 m = 88.2 N$이다.

이번에는 아래에서 위로 작용하는 압력을 생각해보자.

그림에서 보이는 것처럼 정육면체 두꺼비의 아랫면은 물속에 잠겨 있지 않고 외부 공기와 접촉해있다. 그렇기 때문에 정육면체 바닥이 받는 압력 P_b는 대기압 0이다.

즉 아랫면에 작용하는 힘 $F_b = 0N$

외력의 합 $F_t - F_b = 88.2N$이다.

제대로 계산해보자면, 두꺼비는 무려 97.02N의 힘을 견뎌냈던 것이다. 두꺼비의 희생정신에 눈물 찔끔.

결국 정육면체 두꺼비는 물에 의해서 위로 떠오르려고 하는 부력 9.8N을 받는 것이 아니라 물이 아래로 누르는 힘을 88.2N이나 받고 있는 것이다. 앞에서와 마찬가지로(58쪽 참조) 중력에 의해 두꺼비가 받는 힘을 8.82N이라 하면, 두꺼비는 총 88.2N + 8.82N = 97.02N의 힘을 아랫방향으로 받고 있다.

이 불쌍한 두꺼비는 콩쥐를 위해서 자신의 무게는 물론이고 10배나 더 무거운 물기둥의 무게에 짓눌려있었던 것이다. 힘든 일을 해낸 두꺼비에게 박수를!

베르누이
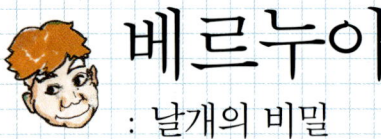
: 날개의 비밀

1903년 12월 17일 오전 10시 35분, 미국 노스캐롤라이나 키티호크 해안에서 인류 최초의 비행기가 이륙했다. 자전거 가게를 운영하던 36세의 윌버 라이트(Wibur Wright, 1867~1912년)와 32세의 오빌 라이트(Orville

비행기 날개에는 베르누이의 정리가 숨어있다.

Wright, 1871~1948년)가 만든 플라이어호가 12초 동안 36m를 나는 순간이었다. 어쩌면 그 순간에 이미 200년 전 사람인 베르누이도 하늘에서 그 광경을 흐뭇하게 지켜보고 있었을지도 모르겠다.

비행기를 하늘로 올리는 장치는 날개이고, 이 날개에는 '베르누이의 정리'라는 과학이 숨어있다.

베르누이의 정리를 수식으로 적으면 다음과 같다.

$$P + \frac{1}{2}\rho v^2 = (상수)$$

이 식은 말로 풀어서 "속도의 제곱과 압력은 항상 그 합이 일정하다."라고 표현하기도 한다. 수식에서 보듯이 압력(P)과, 속도(v)를 제곱한 값의 합이 상수이므로(일정하므로), 속도가 증가하면 압력이 감소하고 압력이 감소하면 속도가 증가하는 현상이 발생한다.

위대한 베르누이 가문의 비극

수많은 천재들의 이름이 빛나고 있는 과학사에 이름을 남긴다는 것은 분명 쉬운 일이 아니다. 그런데 가끔은 한 명도 아니고 여럿이 과학사에 자취를 남기는, 정말 특별한 가문이 나타나 세인들의 부러움을 받기도 한다. 스위스의 베르누이 가문도 과학사에서 손꼽히는 천재 가문 가운데 하나이다.

유능한 수학자와 과학자를 여럿 배출한 이 가문에서 베르누이의 정리를 발견한 물리학자이자 수학자, 다니엘 베르누이(Daniel Bernoulli, 1700~1782년)도 태어났다.

이 외에도 17세기 말에는 다니엘 베르누이의 아버지인 요한 베르누이(Johann Bernoulli)와 큰아버지인 야곱 베르누이(Jakob Bernoulli)가 일찌감치 미적분학의 효용성을 깨닫고 다양한 문제에 적용하여 이름을 떨쳤으며, 18세기에는 요한 베르누이의 세 아들인 다니엘과 니콜라스, 요한 2세 등이 수학자와 과학자로 명성을 떨쳤다.

베르누이 가문에 얽힌 관계

하지만 신은 완벽함을 용납하지 않는가 보다. 행복할 수밖에 없을 것 같은 이 위대한 베르누이 가문은 사랑과 행복 대신 시기와 질투로 얼룩져 있었고, 우리 주인공인 다니엘 베르누이는 이 비극의 최대 피해자였다.

시기와 질투의 가족사는 다니엘의 아버지인 요한 베르누이와 요한의 형 야곱 베르누이로부터 시작되었다. 요한과 야곱 형제는 어렸을 때 아버지 몰래 같이 수학 공부를 하던 친구이자 동지였다. 그들의 아버지는 매우 완고하고 엄격한 사람이었는데, 그는 일찍부터 야곱은 신학자로, 요한은 의사로 키우기로 마음을 먹었다. 실제로 요한과 야곱은 아버지의 명령을 따라야만 했다. 그러나 아무리 엄한 아버지라 할지라도 수학에 대한 그들의 열정을 꺾을 수는 없었다. 그들은 당시에 라이프니츠에 의해 공표된 미적분학에 심취하여 아버지 몰래 수학 공부를 하고 있었다. 아버지의 반대에도 불구하고 서로 영향을 주고받으며 자란 두 형제는 당대 최고의 수학자인 라이프니츠와 서신을 교류하면서 실력을 쌓아 차차 수학자로서 인정을 받게 되었다. 형 야곱은 바젤 대학의 수학 교수로 고용되었으며 동생 요한은 미적분학을 가르치기 위해 프랑스로 떠났다. 하지만 프랑스에서 요한을 기다리고 있는 것은 철저한 배신이었다.

요한 베르누이는 프랑스에 가서 수학에 관심이 많은 로피탈 후작을 만나 금전적으로 도움을 받으며 연구 활동을 할 수 있었다. 가난에 허덕이지 않고 안정된 생활 속에서 연구할 수 있게 된 요한은 로피탈 후작이 무척 고맙기는 했지만, 한 가지 이해할 수 없는 부분이 있었다. 로피탈이 요한에게 300파운드를 주면서 제안하기를, 어떤 문제들을 풀어보되 다른 사람에게는 절대 말하지 말고 그 답을 자기에게만 알려달라는 것이었다. 그리고 마침내 로피탈 후작은 요한이 힘들게 푼 문제를 마치 자신의 연구 결과인 양 발표하기에 이른다.

'로피탈의 정리'라고 들어본 적 있는가? 이것이 요한이 로피탈에게 강탈당한 업적 가운데 대표적인 것이다. 분수꼴의 극한 계산에 유용하게 쓰이는 로피탈의 정리는 지금도 고등학교 수학 시간이나 대학교 미적분 강의에서 쓰이고 있다. 이 로피탈의 정리에 들어있는 이름인 로피탈이 바로 우리가 지금 얘기하고 있는 파렴치한 로피탈 후작이다. 이 로피탈의 정리는 결국 요한 베르누이의 업적인 것이다.

로피탈 후작에게 배신당한 요한 베르누이는 그의 형 야콥 베르누이로부터 한 번 더 마음의 상처를 입는다. 프랑스에서 고향 바젤로 돌아온 요한은 형 야콥이 교수로 있는 바젤 대학에 지원한다. 이미 요한은 수학자로서 명성을 떨치고 있었으므로 바젤 대학의 교수직을 맡기에 손색이 없었다. 그런데 야콥은 바젤에 있는 사람들에게 자신이 동생 요한의 지도자였다며 얘기하고 다녔다. 야콥은 요한이 널리 명성을 떨치는 것에 대해 겉으로는 매우 기뻐하는 척했지만, 속으로는 대수학자 라이프니츠와의 우정을 시샘하면서 자기보다 수학자로서 더 명성이 높아질까봐 걱정하고 있었던 것이다.

결국 요한이 바젤 대학의 교수직을 지원했을 때 야콥은 배후에서 이사들과의 친분을 이용해 요한을 탈락시킨다. 하지만 세상에 비밀이란 없는 법. 교수 임용에서 탈락한 배후에 형 야콥이 개입되어있다는 사실을 알게 된 요한은 분노했다. 그때부터 요한과 야콥은 형제라기보다는 원수가 되어 서로 상대방의 수학 능력을 헐뜯는 논리 전쟁을 시작한다. 요한과 야콥 사이의 이 추한 전쟁은 야콥이 결핵으로 죽고 나서 그가 맡고 있던 바젤 대학 교수직을 요한이 승계하고서야 끝이 났다. 그러나 베르누이 가문의 시기와 질투는 그 다음 세대로 다시 이어진다.

바젤 대학의 수학 교수가 된 요한 베르누이에게는 니콜라스, 다니엘, 요한 2세, 이렇게 아들 셋이 있었다. 그중에서 다니엘 베르누이가 우리가 공부할 베르누이의 정리를 발견한 사람이다. 수학자로 성공한 요한 베르누이는 아들 다니엘에게 의사가 되라고 말했지만, 베르누이 가문의 피를 이어받은 다니엘은 의학 공부를 하면서도 수학 공부를 병행했다.

의과 대학 공부를 마치고 개업하기 위해 이탈리아로 떠난 다니엘은 심한 열병을 얻어 2년 동안 요양하는데, 이 기간은 오히려 다니엘에게 본격적으로 수학 공부를 할 수 있는 시간이 되었다. 그리고 2년 뒤에는 그동안 조용히 공부해오던 결과물을 친구의 조언을 얻어 조그마한 책으로 냈다. 별 기대 없이 출판한 이 책은 새로운 수학 신동이 탄생했음을 전 세계에 알려주는 계기가 되었고, 그의 연구에 감동받은 러시아의 여제 예카테리나 1세는 그를 상트페테르부르크에 있는 제국 과학원의 수학 교수로 초빙하였다.

이곳에서 그는 그동안 궁금히 여겼던 문제, 특히 복잡한 혈액순환에 대한 연구에 도전했다. 의학 공부를 한 다니엘은 영국 의사 하비(William Harvey, 1578~1657년)의 책 『동물의 심장과 혈액의 운동에 대하여(On the Movement of Heart and Blood in Animals)』에서 "심장은 펌프와 같고 혈관은 수로망과 같다."라는 논문에 깊이 매료되어있었다.

당시 의학 기술로서는 심장이 이완될 때 동맥의 벽이 재빨리 강하게 압착되어 피를 동맥 내에서 흐르도록 분출시킨다는 사실과, 인체 내부가 일부는 넓고 일부는

다니엘 베르누이는 유체의 압력을 재기 위해 다양한 굵기의 파이프로 흐르는 유동에 대한 연구를 수행했다.

좁은 다양한 지름을 가진 정맥과 동맥으로 가득 차있다는 사실이 발견되어 알려져 있었다. 그러나 복잡한 순환계를 통해 실제로 흐르는 피의 속도와 압력에 대해서는 아무런 정보가 없었다. 그리고 피의 속도와 압력을 구하는 문제는 지적인 호기심 차원을 떠나서 의사들이 실제 환자를 치료하기 위해 반드시 필요한 정보였다.

흐르는 유체의 압력을 재기 위해서 다니엘 베르누이는 다양한 굵기로 매끄러운 쇠파이프를 만들어, 이를 이용한 실험에 매진하였다. 그리고 마침내 파이프 벽에 작은 구멍을 뚫고 그 구멍에 유리관을 붙이면 작은 물기둥이 유리관을 따라 올라오다가 어느 높이에서 멈추는 것을 관찰하였다. 그는 압력이 클수록 유리관을 따라 올라오는 물기둥의 높이가 높고, 압력이 작을수록 물기둥의 높이가 낮다는 결론에 도달하였다. 이렇게 해서 흐르는 물에 대한 압력의 척도로 물기둥의 높이를 이용하게 되었다.

이 연구 결과는 바로 유럽 전역 의사들에게 퍼져 환자의 혈압을 재는 획기적인 수단이 되었을 뿐만 아니라 유체물리학에도 다방면으로 응용되었다. 하지만 이것은 다니엘 베르누이가 유체역학의 발전을 이끄는 시작점에 불과하다.

다니엘은 다양한 굵기의 파이프로 흐르는 유동에 대한 연구를 계속 수행하여, 흐르는 유체의 속도와 압력에 대한 성질을 파악하려고 노력하였다. 흐르는 유체의 속도는 눈으로도 관찰할 수 있고, 당시에도 속도의 성질에 대해서는 어느 정도의 지식이 있었다. 예를 들어 좁은 지역에서는 물이 빨리 흐르고 넓은 지역에서는 물이 천천히 흐른다는 것, 즉 속도에 대한 성질은 알고 있었다.

사실 이런 현상은 우리도 경험을 통해 이미 알고 있다. 어릴 적 운동장 수돗가에서 장난치던 물놀이를 생각해보라. 수도꼭지를 막고 조그마한 틈을 만들어 물살을 세게 해서 물총 놀이를 하던 기억은 누구나 있을 것이다. 아니면 지금 당장 냇가로 뛰어나가 보자. 물 위에 조그마한 종이배를 접어서 올려놓으면 넓은 곳에서는 천천히, 좁은 곳에서는 빨리 움직이는 것을 쉽게 관찰할 수 있다. 다니엘은 여기서 흐르는 물의 압력을 계측해보았는데, 전혀 예상치 못한 결과를 얻었다. 즉 예상과는 달리 굵은 파이프에서 느리게 흐르는 물의 압력이 가는 파이프에서 빠르게 흐르는 물의 압력보다 항상 높다는 사실을 관찰한 것이다. 이 놀라운 실험 결과를 논리적으로 설명하기 위해 다니엘은 연구를 계속하여 마침내 30세의 젊은 나이에 우리가 베르누이의 정리라고 부르는, "속도의 제곱과 압력은 항상 그 합이 일정하다."는 식을 발견하였다. 나중에 코리올리(Gustave Gaspard Coriolis, 1792~1843년) 등에 의해 좀 더 수정되어 다음과 같은 간단하면서도 유용한 베르누이의 공식이 도출된다.

$$P + \frac{1}{2}\rho v^2 = (상수)$$

다니엘은 그동안의 연구 결과를 모아 1738년에 『유체동역학*(Hydrodynamics)』이라는 책을 손에 넣을 수 있었다. 드디어 완성된 책을 보고 그 기쁨을 나누기 위하여 다니엘은 신뢰하는 친구이자 아버지 요한 베르누이의 애제자인 오일러(Leonhard Euler,

> **■ 유체동역학과 수력학**
> 오늘날에도 수력학과 유체동역학이라는 용어는 모두 쓰인다. 그러나 수력학(Hydraulics, 수리학으로 번역되기도 한다)은 주로 댐의 수압, 배수관의 유량 같은 토목공학 쪽의 유체역학 분야에서 많이 쓰이고, 유체동역학(Hydrodynamics, 유체역학으로 번역되기도 한다)은 유체역학(Fluid mechanics)과 거의 같은 의미로 쓰인다.

시기와 질투, 모락으로 얼룩진 베르누이 가문…….
다니엘 베르누이의 업적은 그의 아버지가 가로챘다.

1707~1783)에게 급히 발송하면서, 한 권은 오일러가 갖고 나머지는 중요한 동료들에게 나누어달라고 부탁하였다.

하지만 이것은 베르누이 가문에 닥친 또 다른 불행의 시작이 되었다. 이상하게도 거의 열 달 동안 아무런 소식이 없자 조바심이 난 다니엘이 오일러에게 직접 편지를 보냈으나, 그로부터 돌아온 것은 새 책이 아직 도착하지 않아서 읽어보지 못했다는 터무니없는 내용이 적힌 답장이었다.

답답해진 다니엘은 그 후로도 계속 오일러에게 편지를 보냈지만, 1740년이 되어서야 그 책들이 도착했다는 소식을 들을 수 있었다. 게다가 오일러는 편지에서 이상한 이야기를 하고 있었다. 다니엘의 책이 인쇄되고 1년 넘는 시간이 지난 뒤에, 요한이 움직이는 유체에 대한 독창적인 연구를 하고 있다고 주장하는 원고의 일부를 오일러에게 보내면서 이것을 수력학*(Hydraulics)이라고 부르자고 제안했다는 이야기였다.(다니엘의 책이 도착했다고 오일러가 말하는 그 시점이다.) 그리고 오일러는 두 책에 대해 객관적인 평론을 작성했다는 말로 편지를 마무리지었다.

오일러의 편지에 당혹스러워하던 다니엘은 1743년에(다니엘의 책이 나온 지 5년 뒤) 아버지 요한 베르누이의 새 책인 『수력학』을 보고는 벗어날 수 없는 절망에 빠졌다. 요한 베르누이는 책 표지에 '1732년'에 인쇄된 것으로 적어서 마치 다니엘의 책 『유체동역학』보다 6년 앞서 쓴 책처럼 보이게 한 것이다.

그리고 이 책의 머리말에서 요한의 애제자이자 다니엘이 신뢰하던 친구인 오일러가 다음과 같은 평론을 적음으로써 마치 모든 업적을 요한이 달성한 것처럼 선언하였다. "요한 베르누이는 흐르는 물의 압력에 대한, 가장 모호하고 가장 난해한 문제를 대단히 명확하고 명료하게 설명했기 때문에, 이제부터 이렇게 골치 아픈 문제에 대해 더 이상 연구할 것이 남지 않게 되었습니다." 다니엘로서는 입증할 방법이 없었지만, 이는 분명 아버지 요한이 자신의 연구를 송두리째 표절한 것이고, 그의 친구 오일러는 자신의 스승(요한 베르누이)에게 충성을 다하기 위해 그를 배신하면서 그의 연구와 인생을 송두리째 가로채버린 것이다.

학자로서 자기 연구를 표절당한다는 것은 그의 연구 생명과 직결되는 중차대한 문제이다. 더욱이 10년 연구를 표절한 당사자가 바로 자신의 아버지이고, 그 공범자가 신뢰하는 친구라면, 누구라도 학자로서의 성과 이전에 한 인간으로서 배신감을 맛보며 절망 속으로 빠질 수밖에 없을 것이다. 베르누이 가문이 수학과 과학 분야에서 인류 발전에 공헌한 바가 큰 위대한 가문임은 분명하지만, 가족끼리 시기와 질투에 눈이 멀어 동생의 출세를 방해하고 아들의 업적을 가로채려고 했다는 것은 비극이 아닐 수 없다.

　베르누이의 정리는 유체역학을 동역학 시대로 이끈 가장 중요한 공식 중의 하나이다. 불쌍한 다니엘 베르누이를 위로하는 마음에서라도 베르누이의 정리는 요한 베르누이가 아닌 다니엘 베르누이의 정리임을 기억해두자.

물은 왜 좁은 곳에서 더 빨리 흐를까?

베르누이는 속도와 압력의 관계를 규명하기 위해서 파이프의 유속을 바꾸어 가면서 실험을 하였다. 그는 물이 좁은 곳에서는 빨리 흐르고 넓은 곳에서는 천천히 흐른다는 성질을 이용해서 파이프 굵기를 조절하여 물의 속도를 조절하였는데, 그렇다면 물은 왜 좁은 곳에서 더 빨리 흐를까? 베르누이의 정리를 살펴보기 전에 속도와 파이프 굵기와의 관계를 이해해보도록 하자.

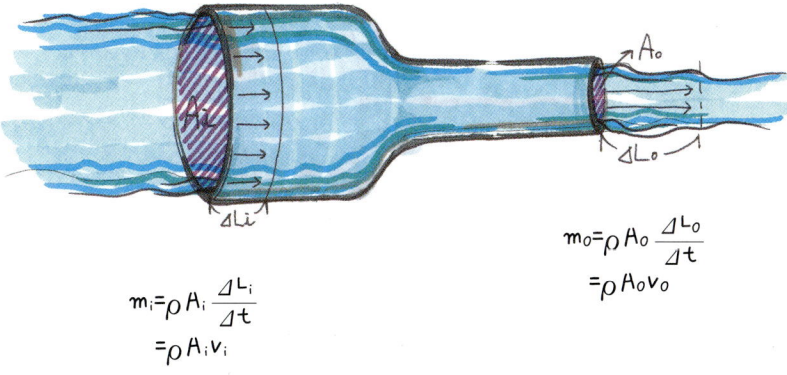

속도와 압력의 관계를 계산해보면, 물이 좁은 곳에서 더 빨리 흐르는 이유를 알 수 있다.

그림과 같이 일정 시간 Δt 동안 물이 들어오는 입구의 크기(면적)를 A_i, 그 시간 동안 물이 이동한 거리를 ΔL_i라 한다면, 질량은 밀도(ρ)와 부피(입구의 크기×이동한 거리)의 곱이므로,

입구를 통해 유입되는 물의 질량 $m_i = \rho A_i \Delta L_i$
마찬가지로 출구를 통해 유출되는 물의 질량 $m_o = \rho A_o \Delta L_o$이다.

입구를 통해서 들어온 물의 양과 출구를 통해서 흘러나가는 물의 양은 같아야 하므로……

$\rho A_i \Delta L_i = \rho A_o \Delta L_o$

단위 시간의 유출량을 비교하기 위해 Δt로 나누면 $\rho A_i \dfrac{\Delta L_i}{\Delta t} = \rho A_o \dfrac{\Delta L_o}{\Delta t}$

$\Delta t \rightarrow 0$인 극한의 경우를 생각하면 $\rho A_i \lim\limits_{\Delta t \to 0} \dfrac{\Delta L_i}{\Delta t} = \rho A_o \lim\limits_{\Delta t \to 0} \dfrac{\Delta L_o}{\Delta t}$

여기서 $\dfrac{거리}{시간} = 속도(v)$이므로 $\lim\limits_{\Delta t \to 0} \dfrac{\Delta L}{\Delta t} = v$이고,

$\rho A_i v_i = \rho A_o v_o$

$A_i v_i = A_o v_o$

결과적으로 우리는 **속도와 면적의 곱이 일정**하다는 결론에 도달하였다. 즉 앞쪽의 그림처럼 입구의 면적(A_i)이 넓고 출구의 면적(A_o)이 좁으면 위의 관계에 의해서 입구보다 출구에서의 속도($v_i < v_o$)가 빨라진다. 이 관계식을 '**유체의 연속방정식**'이라 부른다.

베르누이의 정리 헤쳐 보기

유체역학을 공부할 때 반드시 나오는 공식 중의 하나가 베르누이의 정리이다. 베르누이의 정리가 중요할 수밖에 없는 이유는 이 공식이 유체에서 가장 중요한 물리량인 속도와 압력의 관계를 보여주기 때문이다. $P + \frac{1}{2}\rho v^2 = $ (상수)라는 수식으로 표현되는 베르누이의 정리를 보면 알 수 있듯이, 속도(v)가 증가하면 압력(P)이 감소하고(상수를 유지하기 위해서), 속도가 감소하면 압력은 증가한다.

이러한 속도와 압력과의 관계는 공학과 실제 생활에 활용되어 그 중요성도 크다. 뒤에서 살펴보겠지만, 날개를 단 비행기가 하늘을 날 수 있는 이유나 박찬호가 커브볼을 던질 수 있는 비결 등이 모두 여기에 숨어있다.

베르누이는 다양한 굵기의 쇠파이프를 이용해 실험함으로써 속도와 압력의 관계를 밝혔지만, 이 실험에서 높이는 고려되지 않았다. 즉 일정한 높이에 파이프를 설치하고 실험을 수행했기 때문에 높이에 따른 영향은 나타나지 않은 것이다. 그러나 만약에 그가 여러 높이에서 실험했다면 어떤 결과가 나왔을까? 우리가 굳이 베르누이의 실험 장치를 다시 재현하지 않더라도 일상생활에서 겪었던 일들을 되새겨보면, 높이도 압력 및 속도와 관계가 있다는 사실을 확인할 수 있다.

호스를 통해 나무에 물을 주었던 경험을 떠올려보자. 키가 큰 나무에 물을 준다고 한다면, 뿌리에 줄 때는 물이 잘 나오지만 높은 가지 쪽에 물을 주려고 호스를 위로 향하면 물살이 약해지는 것을 관찰할 수 있었을 것이다. 즉 높이의 변화도 물의 압력과 속도에 영향을 미친다는 것을 알 수 있다. 흐르고 있는 유동의 높이가 같거나 압력과 속도의 변화에 비해 높이 변화의 영향이 작을 때에는 단순히 $P + \frac{1}{2}\rho v^2 =$ (상수)의 관계를 이용하면 되지만,(예를 들어 베르누이가 관심을 가졌던 피의 흐름을 생각해보자. 높이 변화가 그렇게 큰 영향을 미치지는 않는다.) 큰 규모로 물이 흐를 때에는 높이 변화도 반드시 고려해야 한다. 높이까지 고려하면 베르누이 공식은 다음과 같은 수식으로 정리할 수 있다.

$$P + \frac{1}{2}\rho v^2 + \rho gh = (상수)$$

결국 위 식에서 정리된 것과 같이, 압력과 속도는 물론이고 높이까지 에너지가 서로 교환되는 것이다.

높이까지 고려한 베르누이의 정리는 유체에서 중요한 변수인 압력과 속도에 대한 새로운 관점을 제시해준다. 위 식에서 속도 영향을 고려한 두 번째 항과 높이 영향을 고려한 세 번째 항의 순서를 바꾸어 적으면 다음과 같다.

$$P + \rho gh + \frac{1}{2}\rho v^2 = (상수) \ \text{혹은} \ [P + \rho gh] + [\frac{1}{2}\rho v^2] = (상수)$$

이 식에서 첫 번째 괄호로 묶인 항 $[P + \rho gh]$가 낯익지 않은가? 아직도 기억이 가물가물하다면 파스칼의 정압력 분포식을 생각해보자. 그렇다! '$P + \rho gh$'는 바로 유체의 정압력을 나타내는 항이다. 정압력(靜壓力)은 말 그대로 정지되어있는 압력, 즉 정지되어있는 유체가 갖는 압력이다. 정압력에 대한 예는 쉽게 찾아볼 수 있다. 물이 정지되어있더라도 우리가 물속에 깊이 들어갈수록 점점 강하게 느껴지는 압력이 바로 정압력이다. 이에 반해 $\frac{1}{2}\rho v^2$은 동압력에 해당하는데, 동압력(動壓力)은 말 그대로 유체가 움직일 때 생기는 압력이다. 예를 들어, 자동차를 타고 갈 때 창문을 열고 손을 내밀어보면 바람이 손을 때리는 감촉을 느낄 수 있다. 자동차가 멈추어있을 때는 나타나지 않는, 손바닥을 미는 바람의 힘은 자동차가 움직일 때(상대적으로 공기가 속도를 가지고 움직일 때) 느껴지는 힘이고, 이러한 압력을 동압력이라고 한다.

결국 베르누이의 정리는 정압력과 동압력의 합이 항상 일정하다는 것이 그 내용이고, 또한 정압력과 동압력의 관계를 보여준다는 데 그 의미가 있다.

베르누이의 정리를 다시 정리하자면, 정압력과 동압력의 합이 일정하다는 것이다.

베르누이의 정리 응용하기 1 : 비행기의 원리

베르누이의 정리가 보여준 가장 큰 공헌은 비행기를 하늘로 띄울 수 있게 한 것이다. 물론 베르누이가 직접 비행기를 만든 것은 아니고, 베르누이의 정리가 발견되고 200년쯤 지난 1903년이 되어서야 미국의 라이트 형제에 의해 동력 비행기가 발명되었다. 하지만 그로부터 2년 뒤인 1905년에 러시아의 공학자 주코프스키(Nikolay E. Zhukovskii, 1847~1921년)가 날개 힘을 이용해 비행기가 뜨는 이유는 베르누이의 정리에 근거한다는 사실을 밝혀냄으로써 다니엘 베르누이의 업적을 다시 한 번 빛내주었다.

파이프를 흐르는 유동을 측정했던 베르누이의 실험을 다시 기억해보자. 파이프가 가늘수록 유체의 연속방정식에 따라 속도가 증가하고, 속도가 증가하면 베르누이의 정리에 의해 압력이 감소하였다. 하지만 굳이 파이프의 굵기를 바꾸지 않더라도 파이프에 유동의 흐름을 막는 이물질을 쑤셔넣으면 마찬가지로 유동이 흐르는 단면이 줄어들기 때문에 속도는 증가하고 (베르누이의 정리에 의해) 압력이 감소하게 될 것이다.

비행기 날개가 양력을 발생시키는 원리도 이와 같이 설명할 수 있다. 파이프의 이물질처럼 날개는 공기의 자유로운 흐름을 방해하고 방향을 변화시킨다. 날개의 단면이 눈물방울 같은 유선형이라고 가정해보자. 이 경우에도 날개에 의해 공기 흐름에 변화가 생기지만, 날개의 모양이 위아래로 대칭이기 때문에 윗면을 흐르는 공기와 아랫면을 흐르는 공기의 속도는 같고, 속도 변화에 따른 압력의 변화도 윗면과 아랫면이 같을 것이다.

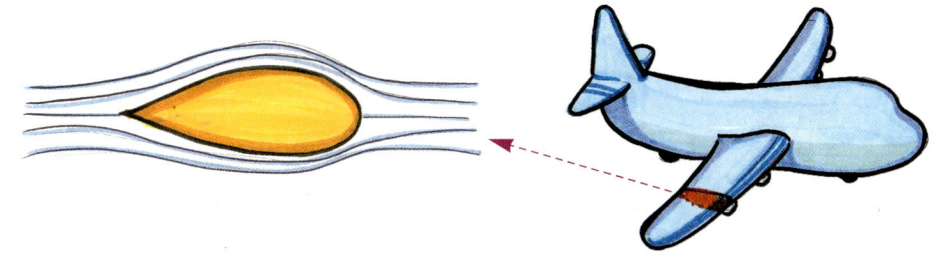

비행기 날개 모양이 위아래 대칭일 경우 압력에 변화가 생기지 않을 것이다.

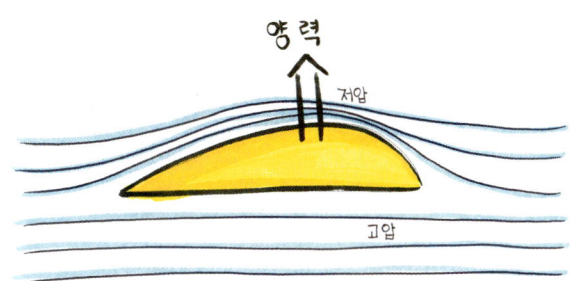

물방울 모양의 날개를 반으로 자르면 압력 차에 의해 양력이 발생한다.

　이제 눈물방울 모양의 날개를 위 그림과 같이 수평으로 절반 잘라보자. 이것이 바로 기본적인 날개 형상이다. 주코프스키는 이러한 날개에 바람이 불어오도록 하고 공기의 흐름을 관찰하였다. 그리고 그는 실험을 통하여 그림과 같이 윗부분의 공기 흐름이 아래쪽보다 빠르다는 사실을 관찰하였다. 이것은 유체는 좁은 곳에서는 빨리 흐르고 넓은 곳에서는 천천히 흐른다는 성질 때문이다. 따라서 날개 윗부분의 공기는 그 흐름이 빠르기 때문에 압력이 상대적으로 낮고, 아랫부분은 흐름이 느려서 압력이 상대적으로 높아지게 된다.(베르누이의 정리) 결과적으로 압력은 높은 곳에서 낮은 곳으로 작용하기 때문에 날개 면을 위로 떠올리려고 하는 힘이 발생하고, 이 힘을 양력(揚力)이라 한다.

베르누이의 정리를 이용해 주코프스키가 양력을 설명한 것은 분명 양력의 원리를 이해하는 데 도움을 주었다. 하지만 실제 날개 주위의 공기 현상은 훨씬 복잡하다. 특히 날개 뒷부분에서는 소용돌이 기류가 생겨서 압력차를 더욱 크게 만들어주고 양력을 발생시킨다. 날개의 양력은 일반적으로 날개가 클수록, 그리고 날개의 받음각*이 크고 공기의 속도가 빠를수록 커진다.

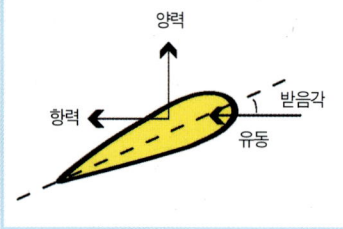

■ 받음각
날개와 들어오는 유동 사이의 각도를 받음각이라 하고, 유동의 흐름에 수직으로 작용하는 힘을 양력, 평행으로 작용하는 힘을 항력이라 한다.

베르누이의 정리 응용하기 2 : 커브볼 던지기

커브볼을 던지려면 공을 엄지로 받치고 검지와 중지로 잡아 쥔 상태로 공을 쥐어짜듯 내리찍으며 던진다.

야구 선수 박찬호가 2000년 꿈의 무대로 불리는 메이저리그에 입성한 이후 투타에 걸쳐 김병현, 최희섭, 서재응 같은 선수들이 빅리그에서 맹활약을 펼치면서 야구에 대한 관심이 다시 높아졌다. 야구는 아홉 명 이상의 선수가 만드는 팀 경기이기는 하지만, 그중에서도 투수의 비중은 가히 절대적이다. 포수 미트에 꽂히는 시속 150km 후반대의 강속구도 시원스럽지만, 텔레비전 화면으로만 봐도 뱀처럼 마구 휘어지는 화려한 변화구는 보는 이로 하여금 저절로 입이 딱 벌어지게 한다. 커브, 싱커, 슬라이더, 투심패스트볼…….

이번에는 베르누이 감독에게 커브 던지는 법을 배워보도록 하겠다. 오른손잡이 투수가 커브를 던지기 위해서는 공을 엄지로 받치고 검지와 중지로는 잡아서 쥐어짜듯이 내리찍으며 던진다. 즉 손목을 왼쪽으로 틀었다가 던지는 순간에는 오른쪽으로 스냅을 주면서 던져준다. 이렇게 하면 공이 홈베이스에 들어올 때는 위에서 아래로 뚝 떨어진다.

커브볼이 갑자기 뚝 떨어지는 비결은 공의 회전에 있다. 공이 V의 속도로 앞으로 날아가면 그림과 같이 공기는 상대적으로 V의 속도로 공 주위를 통과한다. 이 때 공이 아래 방향으로 회전하면서 공 주위의 공기도 같이 회전하게 된다. 공의 회전에 의한 속도를 v라 한다면 공의 아래쪽에서의 속도는 $V+v$가 되고, 위쪽 부분에서는 $V-v$가 되어 공의 아래쪽 공기 흐름이 위쪽보다 더 빨라지게 된다. 베르누이의 정리에 의하면, 유동의 속도가 증가하면 압력이 감소하고 속도가 느려지면 압력이 증가하므로, 공의 위쪽 부분 압력이 아래쪽보다 더 커지게 되어 압력이 높은 곳에서 낮은 곳으로 밀리기 때문에 공은 아래쪽으로 움직이게 된다. 즉 베르누이의 정리에 의해 커브볼은 아래로 떨어지게 된다.

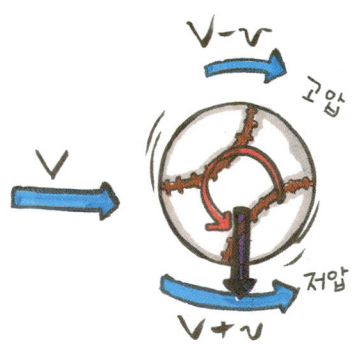

커브볼이 불시에 아래로 떨어지는 것은 회전력에 그 비밀이 있다.

무등산 폭격기 선동렬 선수가 즐겨 쓰던 슬라이더도 베르누이의 정리가 응용된 것이다.

한국 야구계의 살아있는 전설인 무등산 폭격기, 나고야의 태양인 선동렬 선수가 애용하던 슬라이더도 마찬가지이다. 슬라이더는 커브처럼 공을 아래로 회전시키는 게 아니고 손목을 틀어서 공을 가로 방향으로 회전시켜준다. 오른손 투수인 선동렬 선수가 슬라이더를 던지면 공은 반시계 방향으로 회전하기 때문에, 공의 오른쪽 속도는 감소하고 왼쪽 속도가 증가하면서 베르누이의 정리에 의해 오른쪽의 압력이 왼쪽보다 높아져서 공은 왼쪽으로 휘어진다.

2장
물살을 가르는 과학

배를 발명한 사람이 누군지 정확히 알려져 있지 않다는 것은 그만큼 배의 탄생이 오래되었다는 뜻이고, 어느 날 갑자기 하루아침에 발명되었다기보다는 인류의 문명 발달과 함께 자연스럽게 제작되어왔다는 의미일 것이다.

인류 문명이 발달하면서 배의 종류는 참으로 다양해졌다. 그래도 우리가 이들 통틀어서 '배'라는 하나의 이름으로 부르는 데는 무언가 공통적인 성질들이 있기 때문일 것이다. 그렇다면 배의 기본 성질에는 어떠한 것들이 있을까?

배를 아는가

땅 위를 달리는 자동차는 프랑스의 니콜라 조제프 퀴뇨(Nicolas Joseph Cugnot, 1725~1804년)가 세 바퀴 자동차를 만들면서 본격적으로 시작되었고, 하늘을 나는 비행기는 라이트 형제가 1903년에 만들었다. 그렇다면 바다를 항해하는 배는 누가 언제 만들었을까? 그러고 보니 배를 누가 언제 발명했다는 얘기는 들어보지 못한 것 같다. 배를 발명한 사람이 누군지 정확히 알려져 있지 않다는 것은 그만큼 배의 탄생이 오래되었다는 뜻이고, 어느 날 갑자기 하루아침에 발명되었다기보다는 인류의 문명 발달과 함께 자연스럽게 제작되어왔다는 의미일 것이다.

인류 문명의 발상지인 황허문명, 인더스문명, 메소포타미아문명, 그리고 이집트문명은 모두 큰 강을 끼고 발달하였다. 그 시대 사람들은 큰 강가에 살면서 강을 이동하기 위해 조그마한 뗏목을 이용하거나 그것도 아니면 통나무 위에라도 몸

파피루스로 만든 배. 고대 이집트에서는 파피루스를 엮어 배로 만들어 나일강에 띄웠고, 그 흔적이 벽화에 남아있다.

을 실어서 건너지 않았을까? 그리고 어쩌면 이것이 배의 시작일지도 모른다. 기록에 남아있는 것 중에 좀 더 세련되게 생긴 배를 찾는다면, 기원전 4000년경에 이미 고대 이집트에서는 파피루스를 이용해서 제작한 배가 벽화나 도자기 등에 흔적을 남기고 있다.

인류 문명이 발달하면서 배의 종류는 참으로 다양해졌다. 유원지에서 타고 노는 조그마한 보트에서부터 거대한 초대형 유조선까지 크기부터 천차만별이다. 그래도 우리가 이들을 통틀어서 '배'라는 하나의 이름으로 부르는 데는 무언가 공통적인 성질들이 있기 때문일 것이다. 그렇다면 배의 기본 성질에는 어떠한 것들이 있을까?

배라고 불리려면 기본적으로 물 위에 뜰 수 있어야 할 것이다. 이러한 성능을 우리는 부양성(浮揚性)이라고 부른다. 하지만 물 위에 가만히 떠있는 통나무를 보고 배라고 부르지는 않는다. 물 위에 띄운 다음에는 앞으로 이동시킬 수 있어야 한다. 즉 이동성(移動性)이 있어야 하는데, 물속에서 배가 이동하기 위해서는 배에 걸리는 저항(抵抗)과 추진(推進)을 알아야 한다. 물론 조종성(操縱性)이 확보되어 가고 싶은 곳으로 마음대로 조종할 수도 있어야 한다. 또한 배가 너무 심하게 흔들린다면 뱃멀미 때문에 즐거운 여행은 포기해야 하고 심지어 배가 전복될 수도 있으니 배의 운동 성능(運動 性能)도 확인해봐야 한다.

2장에서는 1장에서 살펴본 유체역학을 바탕으로 배의 기본 성질인 부양성, 저항 및 추진, 조종 성능, 운동 성능에 대해서 살펴보도록 하겠다.

개념을 알면 성능이 보인다

배가 무언지 제대로 알지도 못하고 조선해양공학과에 들어갔던 나에게 첫 수업시간에 교수님이 해주신 말씀은 신선한 충격이었다.

"여러분들이 조선해양공학과에 들어왔는데, 배에 대해서 어떤 것들을 알고 있습니까? 음…… 사나이라면 무언가 큰 스케일의 일을 하는 것도 의미가 있죠. 배가 바다라는 미지의 광활한 영역을 떠다닌다는 데에서도 큰 스케일이 느껴지지만, 배 자체의 규모도 엄청나답니다. 누구 정말 큰 배 본 적 있는 사람 있나요? 울산이나 거제도에 살다 온 분들은 본 적이 있겠지만, 대형 유조선 같은 배는 정말 크죠. 유조선의 길이가 얼마나 되는지 아는 사람 있나요? 큰 유조선들은 300미터가 넘어요. 자, 300미터가 넘는다고 말해도 감이 안 올 것 같고, 그럼 이렇게 말하면 어떨까요. 63빌딩의 높이가 얼마죠? 그 높다는 63빌딩도 250미터가 채 안 됩니다. 이제 300미터가 얼마나 큰지 감이 잡히나요? 그러니까 배는 63빌딩을 그대로 눕혀놓은 것보다 더 크답니다."

대단하지 않은가! 63빌딩이 누워서 바다 위를 떠다니는 모습을 상상

큰 배는 63빌딩을 그대로 눕혀놓은 것보다 더 크다. 상상이 가는가?

해보라. 이것이 바로 배의 스케일이다.

그렇다면 세계에서 제일 큰 배는 크기가 얼마나 될까? 기네스 기록상으로 세상에서 제일 큰 배는 1976년 일본이 건조한 해피자이언트(HAPPY GIANT)호라는 초대형 유조선이다. 해피자이언트의 크기는 564,736DWT*이고, 길이는 458.45m, 폭은 68.8m, 흘수*는 24.61m이니 정말 어마어마하다. 남산타워가 해발 479m이니까 바다에서부터 남산타워 꼭대기까지의 높이와 거의 비슷한 크기이다. 이렇게 거대한 덩치를 어떻게 만드는지 신기할 따름이다.

지금 거대한 덩치를 만든다고 말했지만, 배에 대해서는 '만든다'라는 표현보다는 '건조한다'라는 표현을 더 많이 쓴다. 어떤 면에서는, 배를 건조하는 일이 자동차나 비행기를 만드는 것과는 차원이 다르고

> **DWT**
> 재화중량톤수라고 하며, 배가 실을 수 있는 화물의 최대 중량을 나타내 준다. 'Dead Weight Tonnage'의 약자이다.(92~97쪽 참고)
>
> **흘수(吃水)**
> 배가 물 위에 떠있을 때 물속에 잠겨있는 부분의 깊이. 일반적으로 수면에서 배의 최하부까지의 수직 거리를 이른다.(89~90쪽 참고)

오히려 대형 건축물을 짓는 것에 가깝기 때문이다. 그래서 조선학을 영어로 하면 'Naval Architecture', 즉 바다의(Naval) 건축(Architecture)이 되는 것이고, 배를 건조하는 것을 영어로 하면 'ship making'이 아니고 'ship building'이 되는 것이다. 실제로 배는 땅 위의 건축물처럼 몇 개 층으로 이루어져 있고 수많은 방을 갖고 있다. 단 그 둘의 차이점이 있다면 배에서는 층이라고 부르는 대신 갑판이라는 표현을 쓴다는 점이다. 배를 타고 여행할 때 선실 밖으로 나와서 사진을 찍거나 바닷바람을 맞는 배의 뚜껑에 해당하는 갑판을 주갑판, 상갑판 혹은 제1갑판이라 부르고, 그 아래로 내려가면 제2갑판, 제3갑판이라 부른다. 그러면 주갑판 위에 있는 조타실 등의 상부 구조물에 있는 갑판은 어떻게 부를까? 제1갑판 위의 갑판은 위로 올라갈수록 제01갑판, 제02갑판 하는 식으로 부른다.

배의 앞부분은 선수, 뒤는 선미, 왼쪽은 좌현, 오른쪽은 우현이라고 부른다.

배의 명칭 가운데 우현, 즉 스타보드는 바이킹선에서 그 어원이 비롯되었다는 설이 있다.

참고로 배의 앞부분은 선수(船首), 배의 뒷부분은 선미(船尾)라고 부르고, 배의 오른쪽은 우현(右舷), 배의 왼쪽은 좌현(左舷)이라고 부른다. 우현은 영어로 스타보드(Starboard), 좌현은 포트(port)라고 한다. 옛날에 바이킹선은 키(steer)를 이용해서 배의 방향을 조정했는데, 키 손잡이가 선미의 오른쪽에 붙어있어서 이것이 스타보드의 어원이 되었다. 즉 스타보드는 스티어(steer)와 보드(board)가 합쳐져 키가 있는 배의 가장자리(현) 쪽이라는 뜻으로 조합된 단어이고, 포트는 항구(port)에 배를 정박시킬 때 언제나 키가 없는 좌현을 항구의 안쪽에 붙였기 때문에 생긴 말이라는 주장도 있다.

앞에서 배의 크기를 이야기하면서 DWT, 길이, 폭, 흘수라는 용어를 썼다. 길이야 배의 앞에서부터 뒤까지의 거리를 말하는 것일 테고, 폭은 배에서 제일 뚱뚱한 부분(보통 가운데)의 가로 방향 길이를 말하는 것이라고 쉽게 추측할 수 있지만, DWT나 흘수라는 용어는 생소할 것이다.

우선 흘수라는 용어에 대해서 생각해보자. 일반적으로 삼차원 물체의 치수는 길이, 폭, 높이, 이렇게 세 가지 요소로 얼추 그 크기가 표현된다. 앞에서 해피자이언트호의 크기를 말하면서 길이는 458.45m, 폭은 68.8m, 흘수는 24.61m라고 나타냈으니까 흘수는 높이에 해당하는 치수라고 쉽게 추측할 수 있을 것이다. 이 추측이 어느 정도 맞기는 하지만, 더 자세히 들어가보면 배에는 높이를 재는 치수로 두 가지가 있다. 그중 하나는 깊이이고, 또 다른 하나가 흘수이다. 깊이는 일반적으로 배의 갑판에서부터 바닥까지의 전체 길이를 말한다. 하지만 곰곰이 생각해보면 배에서 의미가 있는 높이는 배 전체의 깊이가 아니고 물속에 잠긴 부분의

배 전체 높이에서 물에 잠긴 부분의 깊이를 흘수라 하고, 물 밖으로 나온 부분을 건현이라 한다.

깊이이다. 왜냐하면 실제로 움직일 때 물의 저항을 받는 부분은 물속에 잠긴 부분이고, 물에 잠긴 부분의 깊이가 얕아야 항구나 운하같이 얕은 지역을 배가 통과할 수 있기 때문이다. 물속에 잠긴 부분의 깊이를 흘수라고 부르며, 흘수는 실제 배의 성능을 판단하는 데 활용된다. 그리고 흘수 위의 깊이, 즉 물 밖으로 나온 배의 높이는 건현(Freeboard)이라 부른다.

배? 선박? 함정?

선박과 함정은 모두 배를 부르는 용어이다. 여기서 선박과 배의 차이를 굳이 밝히자면, '선박'은 '船舶'이라고 표기되는 한자어이고 '배'는 우리말이라는 데 있을 뿐이며, 해상법에서는 상행위를 목적으로 물 위를 항해하는 구조물을 선박이라 이르기도 한다. 그러나 결국 둘은 같은 뜻을 가진 단어이다. 조선왕조 중기까지만 해도 배를 '빅'라고 쓰고 '바이'라고 발음했는데 이 '빅'라는 단어가 줄어서 오늘날의 '배'라는 단어로 바뀌었다. '빅'라는 단어는 배를 부르는 중국어(북경어)인 '파이[掰]'에서 유래된 것으로 추정되고 있다.

우리나라에서 처음 생겨난 배인 토막배. 강원도 명주군 정동진에 있다.(원인고대선박연구소 이원식 사진)

함정(艦艇)도 배를 호칭하는 한자어이지만 일반적으로 함정은 군함에 붙이는 용어이다. 함정은 함(艦)과 정(艇)이 더해진 말로서, '함'은 일반적으로 크고 무거운 배를 뜻하고 '정'은 작고 가벼운 배를 의미한다. 생각해보면 항공모함은 있지만 항공모정이라는 배는 없고, 연평해전에서 쓰였던 날렵하고 작은 배를 고속함이라고 부르지 않고 고속정이라 부르지 않는가. 가장 큰 군함이라는 항공모함은 일반적으로 수만 톤 정도의 큰 배이기 때문에 '함'이라는 글자를 붙이고, 고속정은 수백 톤 정도의 작은 배라서 '정'을 붙이는 것이다. 또 잠수함과 잠수정이라는 이름도 크기에 따라 붙인 것이다.

규모의 무게, 규모의 속도

해피자이언트(HAPPY GIANT)호의 크기를 말하면서 564,736DWT라고 소개하였는데, 여기서 DWT는 'Dead Weight Tonnage'의 약자이며 배의 무게를 나타내는 지표이다. Tonnage는 톤수를 뜻하므로 '해피자이언트호의 무게가 564,736t이구나!'라고 생각할지도 모르지만, 배에서는 무게를 재는 방법이 좀 더 다양하다.

재화중량톤수로 번역되는 DWT는 배가 실을 수 있는 화물의 최대 중량을 말한다. 즉 DWT에는 배 자체의 무게가 전혀 포함되지 않고 배가 실을 수 있는 최대 화물의 무게만을 나타내는 것이다. 해피자이언트호를 설명하면서 배의 무게에 대해서는 언급하지 않고 배가 실을 수 있는 화물의 무게를 소개하는 이유는 무엇일까? 이것은 배의 가장 큰 목적 중의 하나가 화물 수송이기 때문이다. 배 자체의 무게도 중요하지만 그 선박이 얼마나 많은, 얼마나 무거운 화물을 수송할 수 있느냐가 배의 성능을 나타내주는 보다 중요한 지표이며 배의 설계에서도 중요한 요소이다. 특히 해피자이언트호 같은 유조선은 원유 수송을 전문으로 하는 선박이기 때문에 이러한 성능 지표가 더욱 중요하다.

대우조선해양에서 건조한 원유 운반선.
대형 유조선은 DWT로 무게를 나타낸다.

데드라인(Dead Line)이라는 단어는 일상생활에서 자주 쓰인다. 이것은 말 그대로 그 선(Line) 안에 들어오지 못하면 죽어야(Dead) 한다는 뜻으로, 마지막 한계선이라는 의미를 지니고 있다. 재화중량

데드라인이란 말을 흔히 쓰듯이 데드웨이트는 그 무게를 넘으면 배가 가라앉는다는 뜻이다.

을 뜻하는 데드웨이트(Dead Weight)도 비슷한 의미이다. 만약 데드웨이트를 넘어선 화물을 실으면 배가 가라앉기 때문에, 배가 죽지 않고 실을 수 있을 만큼의 한계인 무게를 DWT(Dead Weight Tonnage)라 부르는 것이다.

배에 실을 수 있는 무게가 아니고 배만의 무게를 알고 싶다면 배 자체의 무게를 나타내는 경하중량(Light Weight)을 보면 된다. 그리고 배가 최대로 화물을 싣고 운항할 때 배와 화물의 전체 무게, 즉 배의 무게인 경하중량과 최대 화물의 무게인 재화중량을 합친 중량은 만재 배수량*이라 부른다.

유조선 같은 선박은 화물 수송이 주목적이기 때문에 일반적으로 재화중량(DWT)으로 배의 무게를 나타내지만, 배의 종류에 따라서 만재 배수량이나 총

> ▪ 배수량(排水量)
> 배가 물 위에 떠있을 때 물에 잠기는 배의 아랫부분이 밀어내는 물의 중량. 이 물의 중량은 그 배의 무게와 같은 것이어서 이것으로 배의 중량을 표시한다.

현대 중공업에서 건조한 컨테이너선. 커다란 컨테이너 박스도 대형 컨테이너 선에 실으면 조그만 성냥갑처럼 보인다.

톤수 등으로 무게를 나타내기도 한다. 예를 들어, 세계에서 제일 큰 군함은 미국의 니미츠급 항공모함인데, 이 배를 소개하는 글을 보면 만재 배수량이 98,550t이라고 적혀있다. 참고로 컨테이너선에서는 TEU나 FEU라는 단위를 사용한다.

TEU는 'Twenty-foot Equivalent Units'의 약자로서 20ft(feet[피트]), 즉 약 6m에 해당하는 컨테이너 박스 하나를 의미한다. 고속도로에서 가끔 거대한 컨테이너 차량을 본 적이 있을 것이다. 이 컨테이너 박스 하나가 1TEU가 되니까 8,000TEU급의 대형 컨테이너선은 이러한 거대한 컨테이너 박스를 8,000개 실을 수 있는 크기를 의미한다. FEU는 'Forty-foot Equivalent Units'의 약자로 40ft 컨테이너 박스를 기준으로 한다.

그러고 보면 이렇게 무거운 배가 움직일 수 있다는 사실 자체가 신기로울 따름이다. 이 무거운 배들은 어느 정도의 속도로 움직일까? 배마다 용도에 따라서 속도가 다양하지만 위에서 소개한 니미츠 항공모함의 경우 최대속도가 30kts(노트*), 즉 약 55.56km/h 정도이다. 1kt의 속도를 우리가 자주 쓰는 시간당 킬로미터 단위로 환산하면 1.852km/h의 속도이므로 30kts는 55.56km/h이다. 1kt는 엄밀하게 정의하자면 1시간에 1해리를 달리는 속도를 말한다. 해리(海里, Nautical Mile)는

> ■ 노트(knot)
> 배의 속력을 나타내는 단위로, 배가 1시간 동안 1해리를 항해하는 속력을 말한다.

니미츠급 항공모함. 심지어 이 안에는 엘리베이터도 설치되어있다.

지구 자오선에서 위도 1분(1/60도)에 해당하는 거리를 뜻한다. 조그마한 자동차가 30kts(대략 60km/h)의 속도로 달린다면 놀라운 일이 아니지만 니미츠 항공모함같이 거대한 덩치가 이러한 속도로 움직인다는 것은 대단한 일이다. 63빌딩이 누워서 60km/h의 속도로 움직이는 광경을 상상해보라. 대단하지 않은가!(니미츠 항공모함은 길이가 대략 330m로, 250m인 63빌딩보다 더 크다.)

이 놀라운 속도는 프로펠러가 돌아가면서 생긴다. 배 뒤(선미) 아래쪽에 달려있는, 선풍기 날개처럼 생긴 것이 프로펠러이다. 선풍기가 돌면서 바람을 만들듯이 프로펠러는 돌면서 물을 뒤로 밀어내 배가 앞으로 가게 해준다. 프로펠러 뒤에는 일반적으로 '타'*

> ■ 타(舵)
> 배의 방향을 조종하는 장치로, '키'라고도 한다. 타는 배를 원하는 방향으로 돌려주며 배의 선회 성능에 미치는 영향이 크다.

2장 물살을 가르는 과학 | 95

현대중공업에서 개발한 것으로, 세계에서 가장 큰 선박용 엔진이다. 이 거대한 덩어리가 단 한 개의 엔진이다. 저기 동그라미로 표시한 사람의 크기와 비교하면 그 어마어마한 크기를 짐작할 수 있을 것이다.

라는 장치가 달려있는데, 커다란 판처럼 생긴 이 타를 돌려서 배를 원하는 방향으로 회전시킨다. 프로펠러를 돌리는 힘은 배 안에 설치된 엔진으로부터 얻는다. 자동차가 엔진을 돌려서 연결된 바퀴를 회전시키듯이 배는 엔진을 돌려서 연결된 프로펠러를 회전시켜준다. 물론 배에 설치된 엔진의 크기는 자동차에 비할 바가 아니다.

2004년 11월에 현대중공업에서 만든 세계 최대 크기의 선박용 엔진은 총중량 2,300t, 길이 25.5m, 높이 15.1m이고, 직경 98cm의 대형 실린더 12개가 있다고 한다. 그러니 자동차 엔진이 비교가 안 되는 것은 물론이고 기껏해야 2t 정도 하는 자가용 1,000대를 다 합쳐도 배의 엔진보다 작다.

부력으로 배 띄우고

얼기설기 통나무를 엮어 만든 뗏목부터 비행기를 실어 나르는 거대한 항공모함까지, 배라고 불리는 수송 수단은 모두 물 위에 떠서 움직인다. 이렇게 물 위에 뜰 수 있는 성질인 부양성을, 배가 갖추어야 할 가장 기본적인 성질로 뽑는 데는 아무도 주저하지 않을 것이다. 워낙 배가 물 위에 떠다니는 모습이 익숙하기 때문에 사람들은 이에 대해 당연하게 여길지도 모르겠다. 하지만 무거운 시멘트로 만들어진 배도 있다는 것을 알면, 그 커다란 덩치가 물 위에 떠다닌다는 사실이 이제는 조금 신기하게 여겨질까? 실제로 2차 세계대전 이후 미국에서는 배의 주재료인 강철이 부족해서 시멘트로 배를 만들기도 했다. 돌로 배를 만든다고 하면 어이없게 들릴지 모르지만, 배가 뜨는 원리를 잘 생각해보면 돌이 아니라 그보다 훨씬 무거운 재료로도 배를 만들어 물 위에 띄울 수 있다.

부력과 중력의 평형

지구상에 있는 모든 물체는 중력에 의해 아래로 당겨지는 힘을 받는다. 그럼에도 불구하고 배가 물속으로 가라앉지 않고 뜨는 비결은 아르키메데스가 밝힌 바와 같이 부력에 있다. 즉 배를 아래로 당기는 중력과 위로 떠우는 부력의 크기가 같으면 힘의 평형이 이루어져서 배는 가라앉지 않고 가만히 물 위에 떠있게 된다. 부력의 크기를 재는 방법은 아르키메데스가 목욕탕에서 발견하였는데, 이것은 밖으로 넘치는 물의 양(무게)으로 측정할 수 있다.

그렇다면 같은 무게를 갖는 물체라도 형상을 잘 만들어 물속에 담그면 넘치는 물의 양(부력)을 크게 만들 수 있지 않을까?

무거운 돌이나 철로 만든 배가 물 위에 뜰 수 있는 이유도 여기에 있다. 지금 같은 무게(= 중력) W인 쇠구슬과 쇠그릇이 있다고 생각해보자.

수조 A에 부피가 V_A인 쇠구슬을 집어넣으면 쇠구슬은 물속으로 가라앉고 쇠구슬의 부피에 해당하는 만큼의 물이 밖으로 넘친다. 아르키메데스가 밝혔듯이 이 물의 양은 V_A이고, 이때 부력의 크기는 $\rho g V_A$이다. 쇠구슬을 위로 떠우

배는 그것을 아래로 당기는 중력과 위로 뜨게 하는 부력이 평형을 이루면서 물 위에 뜰 수 있게 된다.

같은 무게라도 어떤 모양을 하느냐에 따라 넘치는 물의 양이 달라질 수 있다.

는 부력이 아래로 가라앉히는 중력 W보다 작기 때문에, 쇠구슬은 아래로 가라앉게 된다.

이번에는 쇠그릇을 수조 B의 물 위에 올려놓자. 그러면 쇠구슬의 경우와 마찬가지로 물이 밖으로 넘칠 것이다. 쇠구슬과 마찬가지로, 쇠그릇을 넣었을 때 넘친 물의 양과 그것이 물에 잠긴 부분의 부피가 같고, 물에 잠긴 부분의 부피를 V_B라 하면, 이때의 부력은 $\rho g V_B$이다. 쇠그릇의 중력은 A의 경우와 마찬가지로 W이지만, 그림에서도 비교되어있듯이 V_B가 V_A보다 크기 때문에 쇠그릇은 쇠구슬보다 더 큰 부력을 받고($\rho g V_B > \rho g V_A$), 이때 부력과 중력이 같으면 평형을 이루어 물 위에 뜰 수 있게 된다.(부력과 중력이 같아지는 지점까지 쇠그릇이 잠긴다.)

물론 실수로 처음에 쇠그릇을 깊숙이 담가서 그 안으로 물이 넘쳐 들어간다면 V_B보다 작은 부피만큼의 물이 밖으로 넘친다. 그렇게 되면 쇠구

쇠그릇에 물이 들어가면 그 안에 들어간 물의 양만큼 부력이 줄어 가라앉듯이,
배에 물이 들어가도 이와 같은 원리로 가라앉는다.

슬과 쇠그릇이 같은 양으로 만들어졌기 때문에(질량이 같다.) 쇠그릇을 담갔을 때 밖으로 넘치는 물의 부피는 쇠구슬을 담갔을 때 넘치는 부피 V_A와 같고, 쇠구슬과 마찬가지로 쇠그릇도 가라앉는다. 즉 쇠를 그릇 모양으로 만들면 구슬 모양인 것보다 안쪽 공간이 늘어나기 때문에 그만큼 부력이 증가하고 물에 뜨는 것이다.

    쇠나 돌로 만든 배가 물에 뜰 수 있는 이유도 마찬가지다. 배 안에는 공간이 있기 때문에 물에 잠긴 부분의 부피는 그만큼 커지고 부력도 증가하게 된다. 그리고 배는 부력과 중력이 평형을 이루는 깊이까지만 물에 잠기게 된다. 쇠그릇에 물이 넘쳐 들어가면 중력과 부력이 평형을 이루지 못하듯이 배도 구멍이 뚫리거나 사고가 나서 물이 차게 되면 부력을 잃고 물속으로 가라앉는다.

배에 짐이 더 실리면 무게가 늘어난 만큼 부력도 증가해 새로운 평형 상태를 찾는다.

배의 흘수 변화

배가 물 위에 떠있는 상태는 중력과 부력이 평형을 이루고 있는 상태이다. 그렇다면 만약 배에 화물을 더 실으면 어떻게 될까? 화물을 실으면 당연히 배의 무게(중력)가 증가하고 '(중력) = (부력)'이라는 평형 방정식이 깨지게 되니까 배가 물에 잠기지 않을까? 하지만 배가 침몰될까봐 가슴 졸일 필요는 없다. 배의 무게(중력)가 증가한 만큼 부력이 증가하므로 새로운 평형을 찾기 때문이다.

물론 배가 가라앉았다고 배의 폭이나 길이가 갑자기 증가하는 것은 아닐 테니, 새로운 평형 상태를 이루기 위해서는 배가 물에 잠긴 부분의 깊이, 즉 흘수가 증가하게 된다. 이와 반대로, 화물을 배에서 실어 내리면 배의 무게(중력)가 줄면서 배는 좀 더 뜨게 된다. 이런 식으로 배는 언제나 중력과 부력이 평형인 상태를 유지하는 것이다. 물론 데드웨이트를 넘는 화물을 실으면 가라앉는다.

한편, 배에 무게 변화가 없어도 흘수가 바뀌기도 한다. 예를 들어, 바다에서 흘수가 12m(즉 바닷물에 잠긴 부분의 깊이가 12m)인 배가 화물을 싣고 강을 거슬러 올라가 강가에 있는 선착장으로 화물을 옮긴다고 생각해보자.

배가 바다에서 강으로 올라간다고 해서 무게(중력)가 바뀌는 것은 아니기 때문에 배가 평형 상태를 유지하기 위해서는 바다와 강에서의 부력이 같아야 한다. 바다에서 항해할 때와 강에서 항해할 때의 부력이 같으려면 다음과 같은 관계가 성립되어야 한다.(부력=ρgV임을 상기하자.)

(바다에서의 부력) = (강에서의 부력)

$(\rho g V)_{바다} = (\rho g V)_{강}$

$(\rho V)_{바다} = (\rho V)_{강}$

여기서 중력가속도 g는 바다나 강에서 모두 거의 같은 크기이지만, 바닷물의 밀도 $\rho_{바다}$는 1,025kg/m³로, 강물의 밀도 $\rho_{강}$(=1,000kg/m³)보다

다른 조건이 일정하다면, 바다와 강의 밀도가 다르므로 강에서 흘수가 더 커진다.

더 크기 때문에 위의 등식이 유지되려면 물에 잠긴 부분의 부피 V가 바다와 강에서 달라져야 한다. 배가 바다에서 강으로 이동했다고 해서 배의 형상이 바뀌는 것은 아니기 때문에 물에 잠긴 부피 V의 변화는 배의 흘수 t의 변화에 비례한다.

$$(\rho V)_{바다} = (\rho V)_{강}$$

$$(\rho t)_{바다} = (\rho t)_{강}$$

$$t_{강} = \frac{\rho_{바다}}{\rho_{강}} \times t_{바다} = \frac{1,025}{1,000} \times 12 = 12.3\text{m}$$

이와 같은 계산으로 판단하건대, 바다에서 흘수가 12m인 배는 강으로 올라오면서 30cm 가량 흘수가 증가했다.

파도 봉우리와 골짜기

출렁이는 파도에 조그마한 고기잡이배가 흔들리는 것을 보면 내심 불안한 반면, 거대한 배는 절대로 부서지지 않을 것 같다는 생각이 든다. 어쩌면 이런 인간의 자만심이 타이타닉의 비극과 같은 재앙을 불러왔는지도 모르겠다. 타이타닉의 비극은 옛날이야기라며 대수롭지 않게 여기는 사람들도 있겠지만, 과학기술이 최첨단을 달리는 오늘날에도 종종 해난 사고 소식은 들려온다. 불행한 가정이지만 이번에는 배를 부러뜨려보자.

여기 눈앞에 모형배가 있다고 상상해보자. 이 배를 반으로 부러뜨리라고 하면, 당신은 어떤 식으로 하겠는가? 간혹 개성이 강한 사람은 배의 왼쪽(좌현)과 오른쪽(우현)을 한쪽씩 잡고 부러뜨리려고 힘을 쓸지도 모르지만, 대부분은 양손으로 배의 앞부분(선수)과 뒷부분(선미)을 잡고 휘어서 부러뜨릴 것이다. 배뿐만 아니라 길쭉한 물체는 양쪽 끝을 잡고 휘어서 부러뜨리는 게 제일 쉽다는 사실은 누구나 아는 상식이다. 그렇다면

배를 잡고 반으로 부러뜨린다고 하면, 일단 배의 앞뒤 끝을 잡고 힘을 주는 것이 손쉬운 방법일 것이다.

배에 가장 위험한 상태란 배의 앞뒤 끝을 잡고 휘었을 때가 아닐까? 그리고 실제로 이렇게 휘어져서 가운데가 부러지는 사고가 발생하기도 한다. 그런데 배를 휘어지게 하는 힘의 정체는 아이러니하게도 배가 물 위에 뜰 수 있게 해주는 고마운 중력과 부력이다. 그럼 이제 중력과 부력이 어떻게 배를 부러뜨리는 힘으로 작용하는지 알아보자.

물 위에 떠있는 모든 배는 중력과 부력이 평형 상태에 있다. 여기서 평형을 이루는 중력과 부력은 배에 걸리는 전체 중력과 전체 부력을 말한다. 그렇다면 배의 각 부분에서는 중력과 부력이 어떻게 나타날까? 결론부터 말하자면, 각 위치에서의 중력과 부력이 모두 평형을 이루지는 않는다.

우선 중력(무게)에 대해서 생각해보면 엔진이 있는 기관실은 아무래도 좀 더 무거울 것이고, 빈 창고는 좀 더 가벼울 것이며, 굉장히 무거운 짐이 실려있는 부분은 굉장히 무거울 것이다. 그리고 부력도 바다 위에 떠있는 배의 모든 부분에 고르게 작용하지는 않는다. 그 이유는 불행히도 바다는 절대로 잔잔하지 않기 때문이다. 즉 파

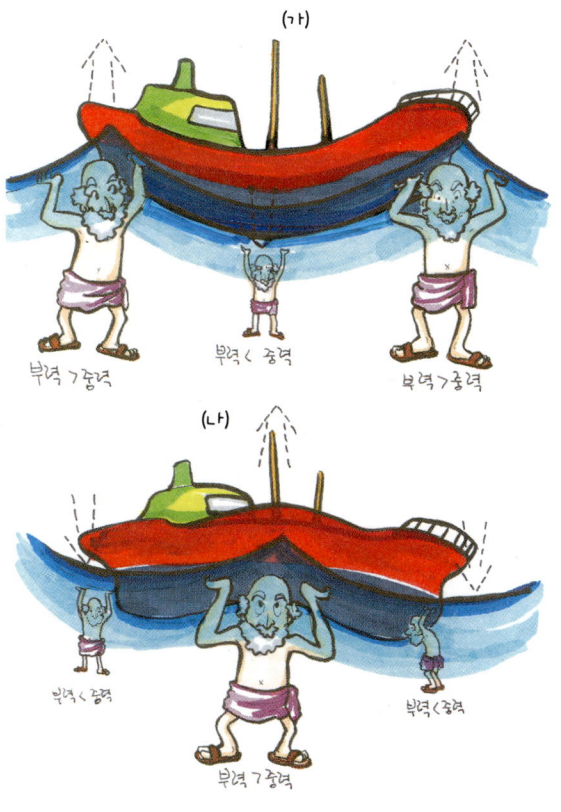

파도는 봉우리 부분에서 부력이 크게 작용하고, 골짜기 부분에서는 작게 작용한다.

도의 위치에 따라서 부력이 크게 작용하는 부분과 작게 작용하는 부분이 생길 수밖에 없다.

앞의 그림과 같이 파도의 봉우리 부분은 배가 물에 잠기는 부분이 더 많으므로 부력이 크게 작용하고, 파도의 골짜기 부분은 상대적으로 물에 잠기는 부분이 적으므로 부력이 작게 작용한다. 이러한 파도의 영향이 가장 큰 경우는 앞의 그림 (가)와 같이 파도의 봉우리가 양 끝에 있고 골짜기가 가운데에 있는 경우이거나, 그림 (나)와 같이 파도의 봉우리가 가운데에 있고 골짜기가 양 끝에 있는 경우이다. 그림 (가)의 경우 양 끝에서는 물에 잠긴 부분이 가운데보다 많으므로 이 양쪽 끝의 부력이 가운데보다 더 클 것이다. 즉 전체 중력과 부력의 합은 같지만, 부분적으로 보면 양 끝에서는 부력이 중력보다 더 크고, 가운데 부분에서는 중력이 부력보다 더 크게 작용한다. 따라서 양 끝에는 위로 작용하는 힘이, 가운데는 아래로 작용하는 힘이 더 커져서 배를 활처럼 휘게 만든다. 그리고 배가 이 휘는 정도를 견디는 한계를 넘어서면 가운데 부분이 부러지고 만다.

방이 많은 집

해양 영화를 보면 배에 구멍이 생기는 바람에 선원들이 대피하거나 구멍을 메우려고 뛰어다니는 장면이 가끔 나온다. 그리고 구멍을 메우지 못하면 격실에서 나와 문을 닫아버리는 장면들도 있다. 배에 격실을 많이 만드는 이유는 여기에 있다. 만약 한 격실에 물이 새어든다 해도 그 격실을 폐쇄함으로써 다른 격실에는 물이 들어가지 않게 하는 것이다. 배에는 격실뿐 아니라 재난 피해를 최소화하기 위한 설비들이 갖추어져 있지만, 배가 운항하는 바다에는 언제나 위험이 도사리고 있고 오늘날에도 종종 배가 좌초되거나 침몰된다. 특히 엑슨발데즈(Exxon Valdez)호 사건은 사상 최악의 환경 재앙으로 꼽히고 있다.

1989년 3월 24일, 길이 335m, 재화중량(DWT) 214,861t에 달하는 대형 선박인 엑슨발데즈호는 알래스카 엑슨 터미널에서 21만 t의 원유를 적재한 후 도선사(파일럿)의 지휘 아래 발데즈항을 출항 중이었다. 선장은 선박이 안전한 외항(外港)으로 나올 때까지 운항을 총괄하였으나 일정 지역을 지나 도선사가 하선하자마자 3등 항해사(이 3등 항해사는 미국 연안경비대[USCG]가 부여하는 알래스카 해안을 운항할 수 있는 면허를 소지하고 있지 않았다고 한다.)에게 선장의 지휘권을 인계하였다. 그 후 3등 항해사는 항로를 벗어나 배를 운항하고 결국 엑슨발데즈호는 블라이 리프(Bligh Reef)라는 암초에 좌초되고 말았다.

문제는 엑슨발데즈호가 대형 유조선이라는 점이다. 엑슨발데즈호 일부 격실이 파손됨으로써 총 원유 적재량 21만 t 중 4만 2,000t이 유출되었는데, 이는 미국 역사상 최악의 기름 오염 사고로 기록되고 있다. 이 사고는 초기 방제 작업이 이루어지지 않아 주변 해안 약 2,000km가 기름으로 오염되고, 이로 인하여 바닷새 약 30만 마리와 바다 속 포유동물 수천 마리가 떼죽음을 당하는 등 환경이 크게 파괴되었다. 사고 발생 후 많은 장비와 1만 1,000명이 넘는 인원이 동원되어 육해상에서 전쟁을 방불케 하는 방제 작업을 실시하였으나 해변의 모래와 자갈층 70cm 깊이까지

기름이 침투해버린 곳도 있었으며, 이후에도 그 피해는 계속되었다.

분명 4만 2,000t이라는 유출량이 어마어마하기는 하지만, 이는 전체 운반량의 20%에 해당하는 분량이다. 만약에 배가 격실로 나뉘어있지 않았다면 총 원유 21만 t이 모두 유출될 수도 있었다. 배의 격실은 인원 및 선박의 보호뿐 아니라 이러한 해난 사고에 대한 피해를 최소화하기 위해서도 필요한 구조이다.

이 사고로 인해 미국 정부는 모든 원유선(Oil Tanker)의 탱크를 이중저(Double Bottom)로 만들도록 하고, 더 나아가서 국제해사기구(IMO ; International Maritime Organization)는 1994년부터 새로 짓는 재화중량(DWT) 3,000t 이상의 유조선에 대해 이중 선체 구조를 의무화하였다.

이중저는 배의 바닥을 이중으로 만들어서 일종의 비어있는 격실을 만드는 것이고, 이중 선체는 배의 바닥뿐만 아니라 배의 측면까지 이중으로 만드는 것이다. 이렇게 만들 경우 배의 강도가 더 증가한다는 장점과 더불어 배에 구멍이 났을 때에도 유조선의 기름 창고에는 구멍이 나지 않아

이중 선체는 배의 바닥과 측면을 모두 이중으로 만든다.

기름 유출을 방지할 수 있다. 물론 선주 입장에서는 그만큼 공간을 활용하지 못하고 배의 가격도 비싸진다는 단점이 있긴 하지만, 배의 강도나 환경보호 측면에서 이중 선체 구조의 의무화가 추진되고 있는 것이다.

미는 힘, 막는 힘

아무리 물 위에 잘 뜨는 물체라도 움직이지 못한다면 그것을 배라 부를 수는 없을 것이다. 아르키메데스의 도움으로 배를 띄웠다면, 이번에는 우리에게 잘 알려져 있는 뉴턴의 도움을 얻어 배를 움직여보자.

뉴턴이 끄는 배

뉴턴은 배뿐만 아니라 세상에 움직이는 모든 물체에 적용되는 세 가지 중요한 사실을 발견했는데, 이를 뉴턴의 운동 법칙이라 부른다. 그 세 법칙은 다음과 같다.

1) 관성의 법칙

외부로부터 힘이 작용하지 않으면 물체의 운동 상태는 변하지 않는다는 법칙이다. 즉 물체는 힘이 작용하지 않는 한 정지한 채로 있거나 등

속도 운동을 계속한다.

2) 가속도의 법칙

물체의 운동은 물체에 작용하는 힘의 방향으로 일어나며 힘의 크기에 비례한다는 법칙이다. 중고등학교에서 $F=ma$라는 공식으로 달달 외우는 바로 그 법칙이다. 즉 일정한 질량(m)이 있는 물체에 힘(F)이 작용했을 때 물체는 그 힘에 비례한 가속도(a)를 받는다.

3) 작용 반작용의 법칙

두 물체가 서로 힘을 미치고 있을 때, 한쪽 물체가 받는 힘과 다른 쪽 물체가 받는 힘은 크기가 같고 방향이 반대임을 나타내는 법칙이다.(한쪽 힘을 작용이라 하면 반대쪽 힘은 반작용이다.) 즉 두 물체의 상호 작용은 크기가 같고 방향이 반대이다.

배가 움직이는 데에도 이 세 가지 뉴턴의 운동 법칙은 기본적으로 작용하고 있다. 세상에는 초고속 비행기처럼 빠르게 움직이는 것도 있고 달팽이처럼 느릿느릿 움직이는 생물도 있지만, 여하튼 간에 그 빠르기와 상관없이 움직임을 나타내는 물리량은 속도로 표현할 수 있다. 즉 속도가 0일 때 그 물체는 정지되어있는 것이고, 속도가 0이 아닐 때 우리는 그 물체가 움직인다고 말한다. 여기서 속도라는 물리량은 가속도라는 물리량에 의해 구할 수 있다. 시속 300km 이상으로 달리는 고속철도라도 정지 상태에서 순간적으로 시속 300km의 속도로 바뀌지는 않는다. 처음에는 속도가 0km/h였다가 시간이 지나면서 1km/h, 10km/h, 100km/h, 300km/h 이상으로 달리게 된다. 이렇게 속도가 증가하는 비율, 즉 단위

외부에서 힘(F)이 주어지면 가속도(a)가 생겨 움직인다.

시간당 속도 변화량을 우리는 **가속도**라 부른다.

배도 고속철도와 마찬가지이다. 처음 정지 상태에서 움직이기 위해서는 가속도가 생겨야 한다. 힘 F가 배에 주어진다면 뉴턴의 제2법칙인 '가속도의 법칙', 즉 F=ma라는 공식에 의해 배는 a라는 가속도가 생겨 움직이게 될 것이다.

사람처럼 다리가 있거나 자동차처럼 바퀴가 있는 것도 아닌데, 배는 어떻게 힘을 얻을 수 있을까? 배에 대해 고민하기 전에 우선 사람의 다리가 어떻게 사람을 앞으로 움직이게 할 수 있는지 곰곰이 생각해보자. 다리만 있다고 해서 사람이 움직일 수 있는 것은 아니다. 사람이 공중에 떠 있을 수 있다면 어떻게 될까? 만약 어떤 사람이 공중에 떠있다면 우스운 모양으로 제자리걸음만 하고 전혀 앞으로 나아가지 못할 것이다. 사람이 다리로 움직이기는 하지만 앞으로 나아가려면 땅과 같은, 무언가 디딜 곳이 필요하다.

사람이 땅을 딛고 앞으로 나아갈 수 있는 이유는 **뉴턴의 제3법칙인**

배는 물을 밀어내면서 그 반작용으로 가속도를 받는다.

'작용 반작용의 법칙'에서 찾을 수 있다. 사람의 발이 땅을 F로 밀어주면(작용) 땅은 뉴턴의 제3법칙에 따라서 사람을 F로 밀어주기(반작용) 때문에 이 반작용에 의해서 가속도를 받은 사람이 앞으로 나아갈 수 있는 것이다.

배도 마찬가지다. 다리 역할을 해주는 무언가가 물을 힘 F로 밀었을 때(작용) 물이 배를 F로 다시 밀어줌으로써(반작용) 배는 가속도 a가 생기고($F=ma$, 뉴턴의 제2법칙인 '가속도의 법칙') 앞으로 나아가게 된다. 배에서는 사람의 다리 역할을 하는 것이 프로펠러이고, 이 프로펠러가 내는 힘인 추력이 물을 밀어주면(작용) 다시 물이 배를 밀어주어(반작용) 배를 앞으로 나아가게 해준다.

뉴턴의 제1법칙 '관성의 법칙'에 의하면, 멈추어있는 물체는 계속 멈추어있으려 하고 움직이는 물체는 외력이 없으면 계속 움직이려 한다. 프로펠러의 추력에 의해 움직이기 시작한 배는 이 관성의 법칙에 의해 앞으

프로펠러의 추력으로 앞으로 나아가는 배는 물의 저항 때문에 그 운동에 방해를 받는다.

로 계속 나아갈 수 있을까? 만약에 배가 진공 속에서 움직인다면 배는 관성의 법칙에 의해 끊임없이 앞으로 나아갈 것이다. 하지만 배는 진공이 아닌 물속에서 움직이기 때문에 배가 앞으로 나아가는 운동은 물에 의해 방해를 받는다. 이렇게 배의 운동을 방해하는 외력을 저항이라 부른다. 프로펠러에서 발생하는 추력이 이 저항보다 크거나 같아야 배가 앞으로 계속 나아갈 수 있다.

저항을 뚫고

배가 앞으로 전진하기 위해서는 배의 추력이 배가 받는 저항보다 크거나 같아야 한다. 그렇기 때문에 빠른 배를 만들기 위한 방법으로는 좋은 엔진과 프로펠러를 써서 추력을 높이는 것도 있지만, 배에 걸리는 저항을 최소화하는 것도 매우 중요하다. 이번에는 배에 걸리는 저항 성분들에 어떠한 것들이 있는지 구체적으로 살펴보자.

배에 걸리는 저항은 크게 마찰저항과 잉여저항으로 구분된다. 괜히 잉여(剩餘)라는 어려운 한자어를 썼지만, 이것을 순우리말로 쉽게 풀면 나머지라는 뜻이다. 저항 성분을 마찰저항과 나머지 저항으로 구분할 수 있다는 말은, 배에 걸리는 저항 성분 가운데 마찰저항이 가장 중요하며(크며) 나머지 저항들은 추가적으로 존재한다는 뜻으로 이해해도 무리가 없을 것이다.

마찰저항이라는 용어가 생소하다면 일상생활에서 좀 더 자주 접하는 마찰력이라는 단어를 생각해보자. 예를 들어, 커다란 상자를 바닥에서 끌고 갈 때 우리는 마찰력이 작용하기 때문에 힘이 든다고 말한다. 또한 바닥이 올록볼록한 농구화를 신으면 마찰력이 더 생겨서 농구코트에서 미끄러지지 않는다고도 말한다. 이처럼 마찰력은 미끄러지지(움직이지) 않게 하는 힘이다. 즉 접촉한 두 물체가 움직이려고 할 때 움직임을 방해하는 힘을 마찰력이라고 부른다. 그렇다면 물에 떠있는 배가 앞으로 나아가려 할 때 배에 접촉하는 물질이 무언인지 생각해보자. 그것은 다름 아닌 물이다. 결국 배에 걸리는 마찰저항이란 물속에서 배가 움직일 때 물과 접촉하면서 생기는 저항 성분을 말하는 것이다. 물에 의해 마찰저항이 생긴다는 사실이 잘 상상되지 않는다면, 숟가락으로 꿀을 젓는 일이 쉽지 않다는 점을 기억해보자. 물보다 꿀을 젓는 일이 더 힘든 것은 꿀에 의한 마찰저항이 물보다 크기 때문이다.

배는 물에 접촉해있을 뿐만 아니라 공기에도 닿아있다. 하지만 일반적으로 물에 의한 마찰저항이 공기에 의한 마찰저항보다 훨씬 크기 때문에,

물속보다 공기 중에서 더 빨리 움직일 수 있는 것은 마찰저항의 차이 때문이다.

배를 말할 때 마찰저항이라 하면 물에 의한 마찰저항을 뜻한다. 물속에서의 마찰저항이 공기 중보다 크다는 것은 당장 물 안에 뛰어들어 보면 알 수 있을 것이다. 공기 중에서 사람이 달릴 때는 100m의 거리를 10초 안팎으로 달릴 수도 있지만, 물속에서는 같은 거리를 나아가는 데 수영을 한다 해도 50초는 걸린다.

나머지 저항(잉여저항)의 대부분을 차지하는 저항 성분은 조파저항이다. 조파(造波)라는 단어는 '파도를 만든다'는 뜻이다. 조파저항이 파도와 관련있다고 해서 이것을 파도가 배에 부딪치기 때문에 생기는 저항으로 오해하면 안 된다. 조파저항은 잔잔한 호수에서도 생기며 바다에서 치는 자연의 파도와는 상관이 없다. 조파저항은 말 그대로 배가 파도[波]를 만들기[造] 때문에 생기는 저항이다. 여름철 뜨거운 해수욕장에서 안전 요원들이 고속 보트를 타고 쏜살같이 달리는 모습을 생각해보자. 이런 광경은 보기만 해도 시원하지만, 이 보트가 한 번 지나가면 주위에서 수영하던 사람들은 난리가 난다. 보트가 만드는 강한 파도 때문에 물이 출렁거려 사람들이 뒤집히고 물살에 휩싸이고……. 뭐, 그냥 재미있는 광경이려니 하며 웃고 넘길 수도 있지만 이 파도의 정체가 무엇인지도 한번 생각해볼 만하다. 이 파도는 보트가 앞으로 나아가면서 만든 파도이다. 하다못해 신데렐라가 타고 갈 멋진 마차를 만들기 위해서도 마차와 말로 변신할 썩은 호박과 쥐가 필요하듯이 이 세상에 공짜는 전혀 없다. 물리적으로는 '에너지보존법칙'이 적용되는 것이다. 공짜가 없는 이 세상에서 보트가 지나가면서 파도가 생겼다는 사실은 어떤 에너지가 이 파도를 만들기 위해서 소모되었다는 것을 뜻한다. 보트를 앞으로 나아가게 하기 위한 에너

배가 물살을 헤치며 만드는 파도는 저항을 증가시킨다.

지의 일부가 파도를 만드는 데 쓰인 것이다. 결과적으로는 배를 앞으로 움직이기 위한 에너지의 일부가 손실되었기 때문에 그만큼 배를 앞으로 전진시키는 힘이 줄어들었고, 이것은 배의 움직임을 방해하는 저항 성분이 생긴 것으로 이해할 수 있다. 배가 파도를 만들며 생기는 이 저항 성분을 조파저항이라 부른다.

이 조파저항이 대부분을 이루지만, 나머지 저항(잉여저항)에는 이 외에도 조와저항이나 공기저항 등이 있다. 조파저항이 파도를 만드는 저항 성분이듯이 조와저항은 와류를 만드는 저항 성분이다. 와류(渦流)는 곧 소용돌이이다. 2002년 최고의 흥행 영화 「매트릭스」(워쇼스키 형제 감독, 1999년)를 기억하는가? 여러분은 이 영화 속 남자주인공인 네오(키아누리브스 분)가 날아오는 총알을 누울 듯한 자세로 피하는 명장면에서 총알 뒤로 공기가 뱅글뱅글 돌면서 쭉 뻗어나가는 모습을 보았을 것이다. 이것이 바로 소용돌이이다. 배가 움직이면 「매트릭스」에서 총알 뒤로 소용돌이가 발생하듯이 배 뒤로 소용돌이가 생긴다. 무에서 유를 창조할 수 없다는 '에너지보존법칙'을 생각해보자. 이 소용돌이를 만드는 에너지는 어디서 나왔을까? 보기에는 멋질지 모르지만, 이 소용돌이도 배를 앞으로 움직이기 위한 에너지의 일부가 소모된 결과이다. 이러한 에너지 소모에 의해 배가 움직이는 것을 방해하는 저항 성분의 일종이 조와저항이다.

영화 「매트릭스」에서는 눈에 잘 안 보이는, 총알 뒤의 소용돌이를 스크린상에 연출함으로써 관객들의 흥미를 끌었다.

공기저항은 말 그대로 공기가 만드는

저항 성분을 말한다. 배를 타고 여행을 하면서 갑판 위에 올라가 시원한 바람을 맞으며 푸르른 바다를 바라본 적이 있는가? 해질 무렵에 수평선 너머로 떨어지는 태양이 아름답기는 하지만 막상 갑판 위에 있으면 강한 바람의 세기에 놀라게 된다. 배가 움직이면서 생기는 이러한 바람 때문에 생기는 저항 성분이 공기저항이다.

배는 일부분은 물에 잠겨있고, 또 다른 부분은 공기 중에 접촉해있으며, 또 어느 부분은 공기와 물의 경계에 닿아있다. 이렇게 배는 물에 잠긴 부분에서는 주로 마찰저항과 조와저항, 공기에 노출된 부분에서는 공기저항, 그리고 공기와 물의 경계에서는 조파저항과 맞서 싸우며 앞으로 나아가는 것이다. 이런 여러 저항을 이기고 묵묵히 전진하는 배의 거대한 힘이 감탄스러울 따름이다.

수영복의 과학

20세기에 들어서면서 올림픽은 체력뿐만 아니라 스포츠과학의 경연장이 되었다. 체계적인 훈련과 식이요법들에서도 스포츠과학의 흔적을 찾을 수 있지만, 이제 선수들이 착용하는 복장이나 사용하는 장비는 어느새 그 시대와 나라의 과학 수준을 가늠할 수 있을 정도가 되었다.

예를 들어, 장대높이뛰기 같은 종목에서는 선수가 사용하는 장대의 탄력과 강도가 직접적으로 기록 향상에 영향을 미치고, 축구공의 탄력과 회전력 향상을 위해서도 최첨단 과학이 동원된다. 육상의 꽃 100m 달리기

현대 수영복과는 달리, 올림픽 초창기에는 수영복을 만들 때 신체를 가리는 데 비중을 두었다.

경기에서 선수들이 입는 화려한 복장은 어떠한가? 이제는 동네에서 흔히 볼 수 있는 추리닝 같은 옷을 입고 경기에 나서는 선수는 더 이상 찾아볼 수 없다. 최첨단 과학을 이용해서 마찰을 최소화하고 최대한 가볍게 만든 전문 복장이 넘치는 올림픽은 패션쇼를 방불케 한다.

스포츠과학은 수영에서도 적용된다. 올림픽의 초창기 시절 수영복의 역할은 기록 향상보다는 신체 노출을 줄이는 데 있었다.(심지어 초창기 수영복은 물을 잘 흡수하는 울 소재라서 물에 들어가면 수영복의 무게가 더 증가하기도 했다.) 하지만 선수들의 기록 향상을 위해서 수영복은 점점 작아졌고 새로운 소재 개발을 위한 연구도 계속 진행되었다. 이러한 연구는 1964년 도쿄올림픽에서 100% 나일론 소재 수영복이 처음으로 등장함으로써 본격적으로 진행되었는데, 매끄러운 나일론 수영복은 물에 젖지 않고 오히려 물살에 부드럽게 미끄러지도록 해줌으로써 마찰저항을 줄일 수 있었다.

마찰저항 감소에 대한 연구는 더욱 본격적으로 진행되었고, 2000년 시드니올림픽에서 호주 선수로 출전한 이안소프는 기존 수영복과 획기적으로 다른 수영복을 입고 나와 연거푸 세계기록을 갱신하기도 하였다. 당시에 혜성같이 등장한 이안소프는 뛰어난 실력과 잘생긴 외모로 일약 스타로 떠올랐는데, 이와 더불어 그가 입은 전신 수영복도 전 세계에 신선한 충격을 주었다. 이안소프가 세계기록을 세우는 데는 197cm나 되는 큰 키와 350mm에 달하는 큰 발에서 나오는 강한 힘이 물론 큰 역할을 하였지만, 전신 수영복도 일조를 했기 때문이다.

이안소프가 시드니올림픽에서 입고 출전한 수영복은 매끄럽게 만든 것이 아니라 오히려 적당한 거칠기를 줌으로써 마찰저항을 줄여준다.

이안소프의 전신 수영복에도 사실은 마찰저항을 줄이기 위한 스포츠과학이 숨어있다. 그리고 작은 수영복을 추구하던 사람들의 상식을 뒤엎은 전신 수영복에는 마찰저항에 대한 상식을 깨는 또 다른 과학이 숨어있다. 기존에 수영복을 연구할 때에는 가능한 한 수영복을 매끈하게 만드는 데 초점이 맞추어져 있었다. 즉 표면을 매끄럽게 조절함으로써 마찰저항을 줄이고 결국은 아무 옷도 입지 않은 것처럼 가볍고 미끄러운 수영복을 만드는 게 기존 연구의 방향이었다. 아직까지도 많은 선수들이 가능한 한 작은 수영복을 입고 경기에 임하는 것도 이런 맥락이다. 하지만 이안소프의 전신 수영복은 최대한 매끄럽게 만들려고만 하는 연구 목적에 오히려 반하는 수영복이다. 이안소프의 수영복은 상어 비늘에서 착안해 만든 '패스트스킨(Fastskin)'이라는 첨단 소재를 사용하

상어는 비늘 표면에 돌기가 있어 매끄럽지 않은데도 오히려 빠른 속도로 움직인다.
오른쪽 사진은 상어에서 아이디어를 얻어 제작한 스피도(Speedo)사의 '패스트스킨' 표면이다.

는데, 이 소재는 오히려 표면에 작은 돌기를 달아서 적당한 거칠기를 주고 있다.

이처럼 표면을 거칠게 함으로써 마찰저항을 줄일 수 있다는 획기적인 발상 전환의 선두주자 중에는 자랑스럽게도 우리나라 공학자도 한 분 계시다. 서울대학교 기계공학과 최해천 교수는 1992년에 전산유체역학 기법을 이용해서 상어 비늘 주변의 미세한 유동을 구현하고 상어 비늘에 있는 작은 돌기가 어떻게 마찰저항을 줄여주는지 보여주었다. 그는 빠른 속력을 낼 수 있는 상어의 표면은 예상과는 달리 매끈한 것이 아니라 유동과 같은 방향으로 결이 나있다는 사실에 착안하여, 슈퍼컴퓨터를 이용해 상어 비늘 표면 주위의 유동을 해석하였다. 이로써 돌기의 크기를 소용돌이의 크기에 맞게 잘 조절하면 오히려 마찰을 줄일 수 있다는 사실을 발견했다. 또한 이를 비행기에 적용하면 최대 8%까지 공기저항을 줄일 수 있음을 입증하기도 했다.

그리고 이러한 연구는 잠수함, 비행기, 자동차, 수영복에까지 빠르게 적용되고 있다. 당장 우리가 보았듯이 2000년 시드니올림픽에서 수영복에 적용되어 기록을 갱신하였고, 미국 쓰리엠(3M)사가 만든 상어 비늘처럼 돌기가 있는 필름은 홍콩 항공사인 캐세이퍼시픽(Cathay Pacific)사의 항공기 표면에 부착되었다. 일본의 타이어 회사인 브리지스톤사는 최근에 상어 비늘을 이용한 타이어를 선보였는데, 이것은 타이어 홈에 상어 비늘처럼 미세한 돌기를 만들어 물이나 공기가 와류 현상을 일으키지 않고 빨리 빠져나가도록 한 것이다.

배에도 이러한 기술을 적용하려는 연구가 진행 중이다. 저속 화물선의 경우에는 전체 저항의 70~80%, 고속선에서도 40~50%를 차지할 만큼 배에서 마찰저항은 큰 비중을 차지하고, 따라서 마찰저항을 감소시키는 일은 매우 중요한 과제이다. 실제로 상어 비늘과 같은 모양의 스킨을 붙인 요트가 대회에서 1등을 차지하기도 했고, 잠수함에도 상어 비늘 형태의 표면을 붙이는 연구가 한창 진행 중이다.

우주전함 야마토의 아이러니

어렸을 때 텔레비전에서 방영하는 만화영화 중에 「우주전함 V호」라는 만화를 무척 좋아했던 기억이 난다. 지금도 그 주제가를 흥얼거릴 수 있을 만큼 열렬한 팬이었지만, 나중에 알고 보니 아쉽게도 이 만화영화는 원제가 「우주전함 야마토」(마쓰모토 레이지 감독, 1977년)라는 일본산이었다. 게다가 나를 더욱 씁쓸하게 했던 것은, 이 만화영화가 일본 군국주의를

찬양하는 지극히 보수 우익 성향을 띤 것이며 야마토라는 우주전함 이름도 2차 세계대전 미드웨이 해전에서 침몰한 일본의 전설적인 전함에서 따온 것이라는 사실이다.

아무것도 모르던 철부지 시절에 나는 「우주전함 V호」에 푹 빠져있었고, 틈만 나면 낙서를 하면서 공책 곳곳에 우주전함 야마토를 그렸다.(어쩌면 이런 경험 때문에 내가 조선공학을 전공하게 된 건지도 모르겠다.) 우주전함 야마토를 그릴 때 놓치면 안 되는 나만의 비결은 배 앞부분(선수) 아래쪽을 볼록 튀어나오게 그리는 것이었다. 그 위에 달린 우주전함 야마토의 최강 무기인 파동포도 중요하지만, 개인적으로는 이 아랫부분에 볼록 튀어나온 부분을 그리는 데 특히 심혈을 기울였다.

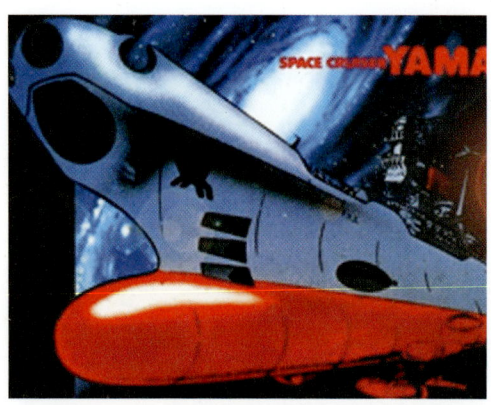

「우주전함 야마토」에 등장하는 우주전함 야마토. 앞부분 아래가 동그랗게 튀어나온 디자인이 야마토의 특징이었다.

아래 볼록 튀어나온 돔이 구상선수이다.

그리고 당시에는 세상의 모든 배가 이렇게 앞부분이 볼록 튀어나온 돔을 달고 있는 줄로만 믿고 있었다. 하지만 대학에서 조선공학을 공부하고 나서야 이 돔의 비밀을 알았고, 더 나아가 우주전함 야마토에는 이 돔이 필요 없지 않았을까라는 생각까지 이르게 되었다.

이 볼록 튀어나온 부분은 조선공학에서 구상선수라고 부른다. 배에 달린 구상선수는 조파저항과 관련이 있다. 앞에서 설명했듯이 조파저항은 배가 움직이면서 파도를 일으키기 때문에 생기는 저항이다. 그렇다면 배가 만드는 파도를 작게 할 수 있다면 조파저항을 줄일 수 있지 않을까? 이런 개념으로 연구가 시작되어 배에 설치된 게 구상선수이다.

파도에서 위로 높이 올라온 부분은 파정, 바닥에 있는 부분은 파저,

배 앞에 구상선수를 달면 파도의 크기를 줄일 수 있고, 따라서 조파저항도 감소시킬 수 있게 된다.

그리고 이 파정과 파저의 높이차는 파고라고 부른다. 결국 큰 파도라는 것은 파고가 큰 파도를 말하며, 파에 의한 에너지도 이 파고가 클수록 커진다.

조선공학자들은 파정과 파저의 형태를 배의 형태에 의해 조절할 수 있다는 생각으로 실험을 계속하면서 재미있는 결과를 얻었다. 배의 전형적인 형상이라고 할 수 있는 쐐기 모양의 배 모형을 끌고 갔더니 배 앞부분(선수)에서 파정을 만드는 파의 형태가 생기는 것을 관찰할 수 있었다. 이와는 반대로 물속에 완전히 잠겨있는 구를 움직여보았더니 구의 바로 뒤에 파저를 만드는 파의 형태가 생겼다. 그렇다면 이 두 물체를 합쳐서 배의 앞부분에 구를 달면 어떻게 될까? 배의 형태는 앞부분에서 파정을 만들려고 하고, 물속에 잠긴 구는 뒷부분에서 파저를 만들려고 하기 때문에 두 개의 파가 서로 상쇄되어 그 크기를 줄일 수 있지 않을까? 이러한 개념과 더불어 보다 정밀한 실험을 통해서 나온 것이 구상선수를 갖춘 배이다. 즉 구상선수는 배로 인해 생기는 파도의 크기를 줄여줌으로써 조파저항을 줄여주는 역할을 한다.

그렇다면 과연 우주전함 야마토에 구상선수가 필요한지 다시 생각해보자. 물론 우주전함도 때에 따라서는 바다 위에서 항해할 수도 있겠지만, 적어도 야마토는 우주에서 계속 떠돌아다녔다. 파도 없는 우주를 항해하는 우주전함에 조파저항을 감소시키기 위한 구상선수를 굳이 설치한 것은 아이러니가 아닐까? 하기야 우주전함 야마토에 그 멋진 구상선수 곡선이 없었다면 영 볼품이 없었을 것이다. 그렇다고 이제 와서 구상선수를 제거해달라고 부탁하고 싶은 마음은 절대 없다. 적어도 멋스럽지 않은가.

프로펠러, 배를 밀다

이집트 시대의 조그마한 파피루스 배부터 현대의 최신예 항공모함에 이르기까지 배 건조 기술이 발달하면서 배의 발달을 이끈 혁명적인 전기가 몇 번 있었다.

첫 번째 시기는 강철을 배 재료로 쓰면서 안전한 대양 항해가 가능하게 되었을 때이고, 두 번째 시기는 리벳(rivet) 이음*이 아닌 용접을 이용한 방식을 건조 방법에 적용한 때이다. 그리고 배의 발달 과정에서 빼놓을 수 없는 또 다른 중요한 발명 중의 하나는 추진 방법에 프로펠러를 사용하게 된 점이다.

배가 앞으로 나아가는 기본 원리는 앞에서 살펴본 것처럼 뉴턴의 작용 반작용 원리이다. 뗏목을 움직일 때 노를 사용하거나 영화 「붉은 10월」(존 맥티어난 감독, 1990년)에 나오는 것처럼 최신예 핵잠수함에 무소음 추진 장치를 사용하거나 모두 기본적으로 배가 앞으로 나아가는 데 뉴턴의 작용 반작용 원리가 적용된다는 사실에는 변화가 없다.(물론 바람의 힘으로 움직이는 범선은 예외일 것이다.) 하지만 얼마나 효율적으로 배를 전진시킬 수 있느냐 하는 것은 추진 장치의 종류에 따라 달라진다. 왜냐하면 어떤 방식으로 물에 힘을 주느냐에 따라 그 물로부터 배가 전달받는 반작용력의 크기가 달라지기 때문이다. 산업혁명 이후 기계의 힘을 인간이 이용하게 되면서 처음에 사용된 추진 장치는 외륜이었다. 외륜은 물레방아 바퀴 같은 커다란

> **■ 리벳(rivet) 이음**
> 리벳은 대가리가 버섯 모양을 한 둥글고 두툼한 굵은 못인데, 배를 건조할 때에는 주로 몸체의 철판을 잇는 데 쓴다. 이 리벳을 이용한 방법, 즉 못으로 연결하는 방법을 리벳 이음이라 한다.

바퀴인데, 외륜선은 이것을 돌림으로써 물레방아가 물을 퍼올리듯이 물을 뒤로 밀어내며 배를 앞으로 전진시킨다. 하지만 외륜선은 효율이 썩 좋지 않았을뿐더러 파도가 심하면 외륜이 잠기는 부분의 깊이를 조절할 수 없기 때문에 대양 항해에 적용하기는 곤란했다.

그 이후 프로펠러가 발명되어 외륜의 문제점들을 해결하고 물속에 완전히 잠겨서 물을 효율적으로 밀어내게 된 이후에야 현대적인 배의 형태를 갖추게 되었다고 말할 수 있다. 1680년에 영국의 훅(Robert Hooke, 1635~1703년)은 프로펠러를 추진 장치로 사용할 것을 최초로 제안했다. 그리고 이것이 실질적으로 응용된 것은 1836년으로, 미국의 에릭슨(John Ericson, 1803~1889년)과 영국의 스미스(Francis Pettit Smith, 1808~1874년)에 의해서였다. 그러나 프로펠러에 대한 기본 아이디어는

외륜선은 물레방아 바퀴처럼 생긴 바퀴를 돌림으로써 추진력을 얻는다.

이집트 나일 강의 물을 끌어올려 평원에 관개시설을 가능하게 했던 아르키메데스의 스크루(screw) 장치에서 찾아볼 수 있다.

프로펠러는 기계적인 회전운동을 이용해서 물이나 공기를 밀어주는 역할을 한다. 배에 달린 프로펠러는 기본적으로 선풍기 날개나 컴퓨터의 냉각기[쿨러(cooler)]와 그 생김새나 역할이 같다. 선풍기 날개를 생각해 보자. 선풍기 날개가 빙글빙글 돌면 우리는 그 앞에서 시원한 바람을 쐴 수 있다. 이는 선풍기의 회전운동이 공기를 앞으로 밀어주어 바람을 만들기 때문이다. 배에 설치된 프로펠러도 마찬가지로 회전을 하면서 물을 밀어낸다.

프로펠러가 회전운동을 이용해서 공기나 물을 앞으로 밀어주는 원리는 나사를 생각하면 쉽게 이해할 수 있다.(아르키메데스의 스크루 장치도

아르키메데스의 스크루 장치. 프로펠러는 이 장치에서 착안된 것이다.

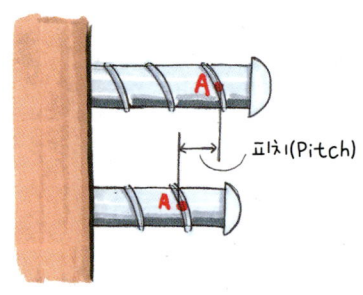

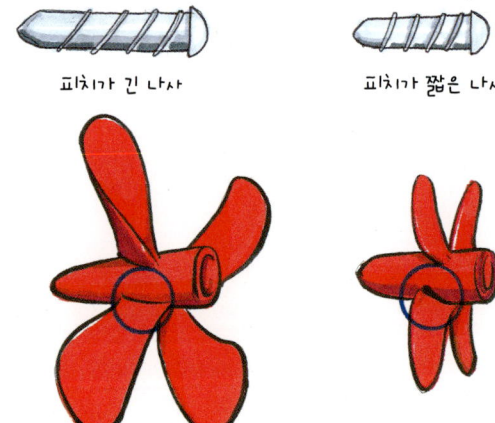

나사의 피치가 크면 이동 거리도 커진다.
이것은 프로펠러도 마찬가지이다.

어떤 면으로는 제자리에서 도는 나사로 생각할 수도 있다.) 드라이브 따위로 나사를 돌리면 나사는 회전을 할 뿐만 아니라 앞뒤로 직선운동을 한다. 그 이유는 나사선이 나사의 진행 방향에 경사져 있기 때문이다. 즉 나사선 위의 한 점에 A 표시를 하고, 점 A가 다시 보이도록 한 바퀴 돌리면 실제로 점 A는 나사선을 따라 앞으로 이동하는 것을 볼 수 있다. 이렇게 한 바퀴 돌 때 앞으로 이동하는 거리인 피치*(Pitch)가 크면 나사를 한 바퀴 돌릴 때 앞으로 많이 전진하고 피치가 작으면 조금 전진하게 된다. 프로펠러에서도 마찬가지 원리가 적용된다. 나사선이 중심축에 대하여 경사져 있듯이 프로펠러는 프로펠러 날개가 중심축에 경사진 채로 붙어있어서 프로펠러 날개가 나사선의 역할을 하게 된다. 프로펠러의 중심축을 한 바퀴 돌리면, 나사선이 앞으로 이동하듯이 프로펠러 날개 위의 한 점 A는 그 앞으로 이동하게 된다. 그리고 나사와

> ■ 피치(Pitch)
> 나사를 한 바퀴 돌릴 때 나아가는 거리를 말하며, 프로펠러를 한 바퀴 돌렸을 때 나아가는 거리도 마찬가지로 피치라 부른다.

마찬가지로 이 이동한 거리를 피치라 한다. 물론 물속에 있는 프로펠러가 직접 앞으로 가는 것은 아니고 상대적으로 물을 그만큼 뒤로 밀어내는 것이다. 이렇게 프로펠러는 회전운동을 직선운동으로 바꾸어 물을 뒤로 밀어주는 힘으로 추진력을 얻고, 이에 대한 반작용으로 물이 배를 밀어주게 된다.

잠수함 잡는 공기 방울

우연히 텔레비전에서 「투명인간의 사랑」(존 카펜터 감독, 1992년)이라는 가족용 코미디 영화를 본 적이 있었다. 주인공이 여차저차해서 눈에 보이지 않는 투명인간이 되면서 겪는 고난과 사랑에 대한 에피소드를 다룬 영화이다. 사랑하는 사람에게조차 자신의 모습을 보여줄 수 없다는 불행한 현실에 괴로워하던 투명인간은 우연히 분수 주변을 걷다가 그 주위에 생기는 물방울에 둘러싸여 마치 유리로 만든 사람 같은 영롱한 형상으로 연인에게 모습을 드러낸다. 영화 속에서는 연인과 사랑을 확인하는 아름다운 장면이지만, 결과야 어찌되었든 결국 물방울 때문에 투명인간의 정체가 탄로 난 것이니, 물방울이 투명인간의 천적이라고 해도 무방할 것이다. 이렇게 투명인간에게는 물방울이 요주의 대상이라면, 잠수함은 공기 방울 때문에 골머리를 썩는다.

　잠수함이 물속으로 잠수하는 이유는 단 한 가지이다. 물속이 시원하거나 경치가 아름다워서가 아니고, 물속에 들어가면 적에게 발각될 위험이 적어지기 때문이다. 전쟁에서 은밀성을 확보한다는 것은, 즉 투명인간이 되는 일은 상대방에게 가공할 만한 공포를 준다. 언제 어디서 어뢰가 날아올지 모른다면 함부로 작전을 수행하지 못할 것이다. 실제로 1982년 영국과 아르헨티나 사이에 벌어진 포클랜드 해전에서 아르헨티나의 잠수함 산루이스(SanLouis)호 한 척 때문에 영국의 수많은 잠수함 세력이 매달려야 했는데, 이처럼 잠수함으로 인해 작전 수행에 곤란함을 겪은 예는 잠수함의 은밀성이 현대전에서 얼마나 중요한지를 말해준다.

전쟁터에서 적의 위치를 알려면, 공기 중에서는 눈을 부릅뜨고 찾거나 레이더를 이용해 먼 거리에 있는 적을 탐색할 것이다. 하지만 물속에서는 아무리 눈을 부릅뜨고 있어도 적함을 찾을 수 없다. 깊은 바다는 동화 속에 나오는 것처럼 휘황찬란한 용궁이 아니고 오직 어둠만이 존재하는 공간이기 때문이다.

실제로 수심이 150m가 넘으면 태양빛이 전혀 닿지 않는다. 그렇다고 잠수함이 레이더로 수중 탐색을 할 수 있는 것도 아니다. 물 위에서나 하늘에서 적함이나 적기를 탐지하는 수단으로 쓰이는 레이더는 전파를 발생시켜 반사되어 돌아오는 파를 분석함으로써 적기의 존재를 확인하는 것이 기본 원리이다. 하지만 전파는 물속에서 파장이 짧아 쉽게 산란되기 때문에 물속에서는 탐지를 목적으로 이용할 수가 없다. 현대전의 총아라 불리는 잠수함이 실은 레이더도 사용할 수 없고 한 치

잠수함들은 서로를 발견하기 위해 소리에 의존한다.
소나 전문가들은 이러한 잠수함들의 귀라고 할 수 있다.

앞도 내다볼 수 없는 장님인 것이다.

그렇다면 잠수함은 물속에서 어떻게 적함을 찾아낼 수 있을까? 장님인 잠수함이 탐색하는 방법을 알기 위해 눈이 안 보이는 사람들이 어떻게 생활하는지 생각해보자.

앞을 볼 수 없는 사람들은 상대적으로 귀가 매우 발달하게 된다는 얘기를 들은 적이 있을 것이다. 이와 마찬가지로 잠수함도 눈이 안 보이는 대신에 귀를 활짝 열어놓는다. 「U-571」이나 「붉은 10월」, 그리고 「유령」(민병천 감독, 1999년) 같은 잠수함 영화를 보면, 헤드폰을 낀 군인들이 잔뜩 집중해서 무언가를 열심히 듣는 장면이 나온다. 헤드폰을 낀 이들은 바로 잠수함의 귀가 되어주는 소나*(SONAR) 전문가들로, 이들은 잠수함 밖에서 나는 소리를 들으려고 계속 귀를 활짝 열어놓는다.

물속에서는 지금도 소리에만 의존하는 잠수함들의 숨바꼭질이 벌어지고 있다. 상대방을 찾기 위해 귀를 최대한 크게 열어놓는 동시에, 한편으로는 상대방에게 걸리지 않으려고 최대한 자체의 소리(소음)가 밖으로 나가지 않도록 온갖 기술을 동원한다. 잠수함에서 나는 소음에는 어떤 것들이 있을까? 사람들이 떠드는 소리도 분명 잠수함의 소음 가운데 하나지만, 무엇보다도 잠수함에서 가장 중요한 소음원은 바로 프로펠러이다. 더군다나 잠수함을 계속 움직이게 하려면 프로펠러를 멈출 수가 없기 때문에 잠수함이 움직이는 한 소음은 끊임없이 나올 수밖에 없다.(그래서 잠수함은 때로는 동력을 끄고 해류를 타고 이동하거나 멈춘 채로 작전을 수행하기도 한다.) 심지어 소나 전문가들은 프로펠러

> ▪ 소나(SONAR)
> 음파탐지기(Sound Navigation And Ranging)를 말한다. 음파를 이용해서 물속의 장애물이나 해저 상황을 탐지한다.(160~161쪽 참조)

소리만 듣고도 그 잠수함의 국적, 종류 따위의 필요한 정보들을 모두 얻어낸다. 영화 「붉은 10월」에 나오는 최신예 핵잠수함이 무서운 이유는 그 안에 다량의 핵탄두가 탑재되어있기 때문이기도 하지만, 최신예 추진기를 이용해서 소음이 없기 때문이기도 하다. 일반 프로펠러가 아닌 (아직은 영화 속에서나 존재하는 가상의) 추진기를 이용함으로써 소음을 없앴기 때문에 말 그대로 보이지 않는 잠수함이 된 것이다. 이 영화에서 무소음 추진기를 이용한 잠수함이 최고의 병기가 될 정도라는 것은 그만큼 프로펠러에 의한 소음이 잠수함의 전력에 치명적이라는 얘기가 된다.

잠수함 프로펠러에서 소음이 일어나는 원인 중의 하나는 프로펠러 주위에 생기는 공기 방울(수증기)이다. 프로펠러 주위에 공기 방울이 생기는 현상은 공동현상* 혹은 캐비테이션(Cavitation)이라고 부른다.

> ■ 공동현상(캐비테이션)
> 배 추진기의 뒷부분 압력이 물의 증기압보다 낮아져서 수증기의 거품이 생기는 현상을 말한다.

다시 말해서 공동현상은 프로펠러 주위에 있는 물의 일부분이 공기(수증기)로 바뀌기 때문에 일어난다.

어떻게 하면 물이 수증기로 바뀔 수 있을까? 우리가 아는 상식에서는 물을 수증기로 바꾸려면 끓이면 되지만, 프로펠러가 회전한다고 해서 갑자기 주변 온도가 상승하여 물이 수증기로 바뀐다는 것은 조금 상상하기 힘들다.

프로펠러 뒤로 캐비테이션이 형성된 모습.

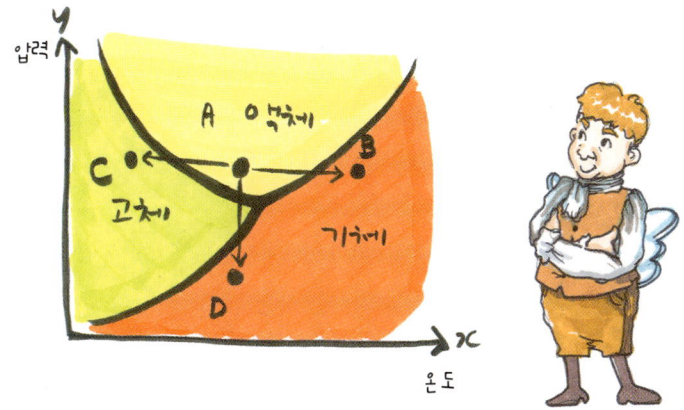

물의 상태 곡선. 물의 상태는 온도와 압력에 따라 달라지는데, 공동현상은 압력이 감소할 때 생긴다.

 그러면 이제 공동현상을 이해하기 위해서 물의 상태 곡선(기체, 액체, 고체의 상태를 나타내는 곡선)을 살펴보자. 이 곡선에서 x축은 온도를 나타낸다. 그림의 A 지점에서 온도가 올라가 x값이 증가하여 B 지점과 같은 온도가 되면 기체(수증기)가 되고, 반대로 온도가 내려가 C 지점에 도달하면 되면 고체(얼음)로 된다. 이 그래프를 보면 알 수 있듯이, 물의 상태는 x축 변수인 온도뿐만 아니라 y축 변수인 압력에도 영향을 받는다. 즉 A 지점에서 압력이 떨어지면 y축을 따라 이동해서 D 지점에 도달하고, 그러면 액체에서 기체(수증기) 상태로 되는 것이다. 공동현상의 원인도 바로 이 압력 감소에 있다. 그렇다면 프로펠러 주위에는 왜 압력이 떨어질까?

 앞에서 보았던 베르누이의 정리를 되새겨보자. $P + \frac{1}{2}\rho v^2 = $(상수)로 표현되는 베르누이의 정리는 압력과 속도의 관계를 보여준다. 속도의 제곱과 압력의 합이 일정하다는 베르누이의 정리는 속도가 증가하면 압력이 감소함을 의미한다. 프로펠러가 회전하면 프로펠러로 유입되는 유체의 속도도 증가한다. 그리고 이 속도 증가는 압력 감소로 연결되어 어느 압력(포화압력) 이하로 내려가면 액체 상태인 물이 기체 상태인 수증기로 바뀌는 것이다. 이렇게 프로펠러 주위에 형성된 수증기는 그것이 터지면서 큰 소음을 발생시켜 잠수함의 존재를 노출시킨다. 심지어는 수증기가 터지면서 프로펠러 면을 거칠게 만들고 프로펠러를 망가뜨리기도 한다. 그야말로 잠수함 잡는 공기 방울이다.

다양한 프로펠러

프로펠러에는 우리가 알고 있는 전형적인 프로펠러 이외에도 배의 용도와 특성에 따라 다양한 종류가 있다.

가변 피치 프로펠러(Controllable Pitch Propeller)는 보통 프로펠러와 그 생김새는 비슷하지만 프로펠러 날개를 회전시켜 피치를 조절할 수 있다는 장점이 있다. 피치의 각도를 조절해서 얻을 수 있는 장점을 이번에도 나사와 비교하여 생각해보자.

나사는 쓰임에 따라 적당한 피치가 있다. 예를 들어, 힘이 많이 들어가는 곳에 나사를 박으려면 피치가 작은 것을 사용해서 조금씩 나사를 돌리고, 힘이 덜 들어가는 곳에는 피치가 큰 것을 써서 빨리 집어넣을 수 있다. 프로펠러도 마찬가지이다. 배의 용도와 목적에 맞는 프로펠러의 설계 속

가변 피치 프로펠러는 피치의 각도를 조절할 수 있도록 되어있어 배가 운항하는 상태에 따라 효율을 높일 수 있다.

도가 있고, 프로펠러는 이 속도에 적당한 피치를 갖도록 제작된다. 하지만 나사는 한 번 설치하면 고정되는 데 반해서 배는 운항 상태에 따라 속도를 높이기도 하고 천천히 가게도 해야 한다. 그리고 각각의 속도에 적절한 피치가 있기 때문에, 피치가 고정된 프로펠러는 때로는 비효율적으로 작용하기도 한다. 이런 문제를 해결하기 위해 발명된 가변 피치 프로펠러는 운항 상태에 따라 주어진 속도에 맞게 피치를 조절할 수 있게 제작되었다. 심지어 가변 피치 프로펠러는 피치를 완전히 반대로 돌려서 배의 기관을 거꾸로 돌리지 않고도 피치만을 조절해서 배를 뒤로 가게 할 수도 있다.

텐덤 프로펠러(Tandem Propeller)는 축 하나에 여러 개 프로펠러들이 달려있어서 같은 방향으로 회전하는 프로펠러이다. 프로펠러는 면적이 넓을수록 많은 물을 밀어낼 수 있기 때문에 보다 큰 힘을 낼 수 있지만, 배가 잠겨있는 깊이나 배의 구조에 따라서 크기에 제한을 받으므로 한없이 크게 만들 수는 없다. 이런 문제를 해결하기 위해 한 축에 프로펠러를 여러 개 단 텐뎀 프로펠러가 개발되었다. 하지만 텐뎀 프로펠러는 이미 앞쪽에 있는 프로펠러에서 물이 회전했기 때문에 뒤쪽 프로펠러에 의해 한 번 더 회전시키면 회전운동 에너지가 지나치게 커진다는 단점이 있다. 프로펠러의 목적은 물을 뒤로 밀어냄으로써 배를 앞으로 전진시키는 데 있는데, 이렇게 배의 전진에 전혀 도움을 못 주는 회전운동 에너지가 증가하면 에너지 손실(회전운동 에너지로 소모)이 생긴다.

이러한 텐뎀 프로펠러의 단점을 보완하기 위해 상호 반전 프로펠러(Counter-Rotating Propeller)가 개발되었다. 상호 반전 프로펠러는 같은 축 위에 회전 방향이 서로 반대인 두 개의 프로펠러가 장착되는 형태를 띤다. 텐뎀 프로펠러와 달리 상호 반전 프로펠러는 전방 프로펠러와 후방 프로펠러가 서로 반대로 돌기 때문에서 불필요한 물의 회전운동을 줄여주며 따라서 효율이 높다. 또한 프로펠러에 의한 불균형을 줄일 수 있기 때문에 똑바로 나가야 하는 어뢰의 추진 장치로도 많이 쓰이고 있다. 하지만 회전축 시스템이 복잡한 이중 구조로 이루어져 있고 구입 비용도 만만치 않아, 주로 특수한 목적을 띠는 선박의 추진 장치에 한정되어 활용되고 있다.

전류 고정 날개 추진 장치(Preswirl Stator Propulsion System)는 프로펠러 바로 앞에 프로펠러와 유사하게 생겼으나 회전하지 않는 스테이터

어뢰에 설치된 상호 반전 프로펠러(왼쪽)와 전류 고정 날개 추진 장치.

(Stator)라는 부가물이 장착된 프로펠러이다. 프로펠러로 들어오는 물의 흐름은 앞에 붙어있는 배를 스쳐 지나오면서 복잡하게 된다. 그런데 스테이터는 배에 의해 발생되는 불균일한 물의 흐름을 보다 균일하게 흐르도록 함으로써 프로펠러 하류로 빠져나가는 물의 회전운동 에너지를 최소화하여 추진 장치의 효율을 향상시킨다. 원리는 간단하지만, 전류 고정 날개 추진 장치는 주로 대형 선박에 효과적으로 적용될 수 있으며 에너지 절약 추진 장치로 각광받고 있다. 특히 이 추진 장치는 기존 선박의 추진 장치에 스테이터를 추가 장착하는 것이 가능하므로 적용이 비교적 쉬운 편이다.

덕트 프로펠러(Duct Propeller)는 프로펠러 주위를 동그란 통이 둘러싸고 있다고 생각하면 된다. 덕트라는 말 자체는 공기나 물이 통하는 통로 혹은 구조물을 뜻한다. 하지만 덕트 프로펠러의 덕트는 단순한 통이 아니고, 그 단면이 날개 형상인 유체역학적인 구조로 되어있다. 이러한 덕트는 상하 비대칭인 날개가 유속을 가속시키듯이 덕트 단면의 형상을

덕트 프로펠러. 이 덕트는 단면이 날개 형상으로 되어있다.

물제트 추진 장치로 추진력을 얻은 배.

조절하여 프로펠러로 들어오는 유동을 가속 혹은 감속시킴으로써 프로펠러의 효율을 높일 수 있다. 더불어 덕트는 프로펠러 날개를 보호할 수도 있으니 일석이조의 효과가 있다.

물제트 추진 장치(Waterjet Propulsion)는 비행기의 제트엔진을 연상하면 된다. 비행기 제트엔진이 고온의 가스를 분출시켜 그 반동력(반작용힘)으로 추진력을 얻듯이 물제트 추진 장치는 물을 배출시켜 그 반동력으로 추진력을 얻는다. 물제트 추진 장치에서는 펌프 같은 장치 전체가 하나의 관 속에 들어있기 때문에 비교적 얕은 물이나 어장과 같이 그물이 설치되어있는 곳에서도 쓸 수 있다. 물제트 추진 장치는 고속으로 운항할수록 추진 효율이 증가할 뿐 아니라, 고속선에 쓰이는 일반 프로펠러에서 캐비테이션(공동현상)이 생기는 문제를 제어한다는 관점에서도 유리한 추진 장치이다. 따라서 선체의 진동과 소음도 상대적으로 작아 여객선, 고속 함정, 어선, 소형 고속선(High Speed Craft), 수륙양용 장갑차 등에 매우 다양하게 활용되고 있다. 최근에는 대형 선박 및 초고속선의 추진 장치로 활용하는 일이 급속히 늘고 있다.

일반적으로 프로펠러는 배를 추진하는 데 쓰이고, 그 뒤에 설치된 타는 (그것이 회전함으로써) 배를 조종한다. 하지만 선회식 추진 장치(Azimuth

Propulsion System)는 프로펠러의 축이 고정되어있어야 한다는 상식을 깨뜨렸다. 일반적인 프로펠러가 한 방향으로만 바람이 부는 고정식 선풍기라고 한다면, 선회식 추진 장치는 회전 기능이 있는 선풍기라고 할 수 있다. 이것은 좌우로 회전하면서 배를 원하는 방향으로 움직이게 해준다. 추진 장치 자체가 좌우로 회전하므로 조종 성능이 우수하고 진동이나 소음 성능을 줄일 수 있다는 장점이 있지만, 반면에 자체의 무게가 커지고 비

포드(pod)형 선회식 추진 장치가 설치되어있는 선미.

싸다는 단점이 있어서 쇄빙선, 해양조사선, 해저 석유 굴착선, 함정, 잠수함과 같은 특수 목적의 선박에 주로 적용되어왔다. 요즈음에는 호화여객선, 컨테이너 피더선, LNG선, 컨테이너선, 로팍스(Ro-PAX)선(여객 화물 겸용선) 등의 다양한 선박에 쓰이고 있는 추세이다.

앞으로 갈까, 돌아 갈까

우리는 이제까지 아르키메데스의 힘을 빌려 배를 띄웠고(부양성), 그 다음에는 추진으로 저항을 뚫고 배가 앞으로 나아가게 만들었다. 하지만 물 위에 떠서 움직일 수 있다고 해도 배를 원하는 곳으로 가도록 조종할 수 없다면, 이 물체는 배라고 불릴 수 없을 것이다. 이번에는 배를 우리가 원하는 대로 움직이기 위해 최선을 다해보자.

원하는 대로 움직일 수 있는 배를 우리는 조종 성능이 좋은 배라고 말한다. 배에서 말하는 조종 성능은 크게 두 가지 의미가 있다. 하나는 외부 자극에 흔들리지 않고 배가 똑바로 가도록 만드는 직진 성능이고, 또 하나는 배를 회전시키는 선회 성능이다.

원하는 대로 움직이기 위해서는 선회 성능만 고려해도 될 것 같은데 왜 직진 성능을 염두에 두어야 할까?

호수나 강에 놀러가서 타는 유원지의 조그마한 배를 생각해보자. 이 배를 타본 사람들은 알겠지만 내가 원하는 대로 똑바로 배를 움직이는 일이 그리 만만하지만은 않다. 노를 처음 젓는 사람은 양팔에 힘을 균형있

조종 성능에는 앞쪽을 향해 똑바로 가는 직진 성능과 회전할 수 있는 선회 성능이 있다.

게 주기가 쉽지 않아서 배를 똑바로 조종하지 못하고 지그재그로 가게 만들기 일쑤다. 거기다가 물의 흐름이 있거나 파도가 치는 등의 외부 자극이 있으면 배는 쉽게 경로가 바뀌어버린다.

바다를 떠다니는 큰 배들도 마찬가지이다. 커다란 배들은 사람이 노를 젓는 것이 아니고 엔진이 일정한 힘을 내어 추진하기 때문에 똑바로 전진할 것도 같지만, 대부분의 배는 타를 가운데에 두었을 때 똑바로 전진하지 못한다. 이것은 배에 추진력을 주는 프로펠러의 회전력이 좌우가 불균형한 힘을 만들기 때문이다. 프로펠러는 물을 밀어서 배를 앞으로 가게 하는 힘을 발생시키지만, 우리의 의도와 달리 물을 회전시키기도 한다. 이러한 불필요한 회전성은 배 주변의 유동에 영향을 미쳐서 배가 똑바로 나아가지 못하게 한다. 실제로 프로펠러가 하나 달린 배를 똑바로 가게 하기 위해서는 오히려 타를 가운데에서 약간 틀어주어야 한다.

배가 직진 성능이 안 좋다고 해서 무조건 나쁜 것은 아니다. 직진 성능이 나쁜 배는 외부에서 자그마한 충격을 주어도 쉽게 그 경로가 바뀌지만, 거꾸로 배의 경로를 바꾸고 싶을 때는 조그마한 힘만 주어도 쉽게 선회시킬 수가 있다.

이에 반해 직진 성능이 좋은 배는 자신의 경로를 유지하려는 성향이 강하기 때문에, 선회시키고자 타를 틀어도 천천히 반응하여 선회 성능이 떨어지는 단점이 있다.

동전의 앞면과 뒷면 같은 관계에 있는 배의 직진 성능과 선회 성능은 모두 배의 조종 성능을 위해서 중요하기 때문에 배의 목적에 맞게 설계를 함으로써 배의 조종 성능을 높여주어야 한다.

가오리연의 비밀

겨울철에 연 날리기를 해본 적이 있는가? 나는 네모난 방패연보다 꼬리가 긴 가오리연 만들기를 더 좋아했다. 애써 만든 가오리연이 전깃줄에 걸리는 바람에 속상할 때도 있었지만, 직접 만든 연이 하늘 높이높이 날 때면 마치 내가 하늘을 나는 것처럼 상쾌하고 신이 났다. 연을 하늘 높이 날리려면 처음에는 연을 들고 뛰어야 한다. 이때 제대로 만들지 못한 연은 아무리 빨리 뛰어도 뱅글뱅글 제자리에서 돌기만 하는데, 내게는 이에 대한 해결책이 하나 있었다. 언제든지 내 연을 하늘 높이까지 올릴 수 있는 비결은 연 꼬리에 있다. 참으로 신기하게도 제대로 못 만들어서 뱅글뱅글 돌기만 하던 연도 꼬리를 길게 달면 바람을 타고 하늘로 높이 올라가게 할 수 있었다.

그렇다면 왜 뱅글뱅글 돌던 연도 꼬리를 달면 똑바로 날까? 연이 뱅글뱅글 도

균형이 맞지 않아 헛도는 연에 꼬리를 달면 제법 제기능을 하는 이유는 무엇일까?

는 것은 그것이 똑바로 가지 못하기 때문에 생기는 현상이다. 연은 바람의 힘으로 올라가려고 하지만, 만약 좌우 균형이 맞지 않으면 똑바로 가지 못하고 한쪽으로 휜다. 이때 연은 실로 고정되어 있기 때문에 실을 중심으로 뱅글뱅글 돈다. 즉 직진 성능이 안 좋은 연은 한쪽으로 휘어 회전하게 되는 것이다.

좌우 균형을 맞추지 못해서 직진 성능이 좋지 않은 연을, 그렇다고 처음부터 다시 만들기는 싫을 때 직진 성능을 높일 수 있는 다른 방법은 없을까? 연의 직진 성능은 면적 분포(압력 작용점의 위치)와 관련이 깊다. 결론부터 말하면, 가능한 한 뒤쪽의 면적을 크게 하면 직진 성능이 좋아진다. 이런 현상에 대해서 복잡한 수학을 이용해 유도해볼 수도 있지만, 우리는 이것을 경험을 통해서 익히 알고 있다. 올림픽 때마다 우리나라의 효자 종목 노릇을 톡톡히 하는 양궁 경기를 보면, 화살 끝에 깃털이 달려있는 것을 쉽게 발견할 수 있다. 이 깃털은 단순히 멋있어 보이기 위한 장식품이 아니다. 화살 뒷부분의 면적을 증가시켜 직진 안정성을 높임으로써 화살이 똑바로 나아가게 해주는 것이다.

단지 꼬리를 다는 것만으로 연을 똑바로 뜨게 할 수 있는 이유도 연의 면적 분포와 관련이 있다. 가오리연에 꼬리를 달면 그만큼 뒤쪽 면적이 증가하기 때

연에 꼬리를 달면 직진 성능이 좋아지는 것처럼, 화살 끝에 깃털을 달면 면적 분포에 변화가 생긴다.

문에 연이 똑바로 가려는 성질이 강해진다. 그래서 연이 돌지 않고 하늘로 똑바로 올라갈 수 있게 된다.

이러한 성질은 배에도 쉽게 적용해볼 수 있다. 배를 설계할 때 뒷부분 면적을 크게 하면 파도나 바람 같은 외부 자극에도 민감하게 영향을 받지 않고 똑바로 잘 나아갈 수 있게 된다. 하지만 면적이 넓어지면 저항이 커지기 때문에 한없이 배의 뒷부분만 뚱뚱하게 만들 수는 없다. 그러면 배의 길이에 변화를 주지 않고 배가 좀 더 똑바로 가게 만들 수 없을까?

자, 가오리연 제작 비결을 생각해보자. 굳이 가오리연 몸체를 변형시켜야만 연을 똑바로 띄울 수 있는 것은 아니었다. 꼬리만 달아도 충분했다. 마찬가지로 배에도 가오리연의 꼬리와 같은 역할을 하는 것이 있다. 대표적인 것이 스케그(Skeg)이다. 그림에서 배 뒷부분(선미) 아래쪽에 달려있는 조그마한 판이 바로 스케그이다. 크기는 비록 작지만 스케그를 배에 설치하면 배 뒷부분의 면적이 증가할 뿐만 아니라 스케그를 지난 유동의 흐름에 변화가 생기기 때문에 실질적으로 배 뒷부분의 면적은 그 이상 늘어난 것 같은 효과를 얻는다. 가오리연에 꼬리를 달아서 연이 똑바로 올라갈 수 있도록 만들듯이 조그마한 부재인 스케그를 설치함으로써 배의 직진 성능을 높일 수 있는 것이다.

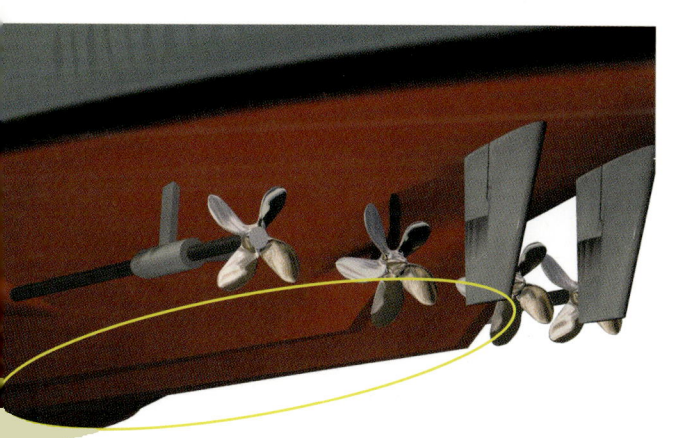

이 배는 두 개의 스케그를 가지고 있다.
프로펠러에 연결된 핀(동그라미 친 부분)이 스케그이다.

타(Rudder), 작지만 강한 힘

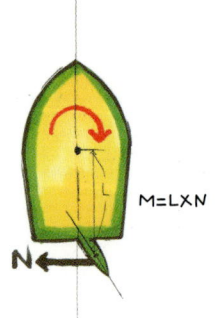

면적이 작은 타로도 큰 배를 선회시킬 수 있는데, 이때 배 중심부터 타 사이의 거리가 모멘트 팔의 역할을 한다.

자동차는 바퀴를 돌려서 이동 방향을 바꾸지만, 배는 타를 돌려서 방향을 바꾸어준다. 사진에서 선미 아래쪽의 프로펠러 뒤에 물고기 꼬리지느러미처럼 생긴 조그마한 판이 바로 타(Rudder)이다. 물고기가 꼬리지느러미를 오른쪽으로 휘게 해서 오른쪽으로 돌듯이, 배도 타를 오른쪽으로 돌리면 오른쪽으로 선회하게 된다.

타는 그냥 보면 평평한 판 같지만, 그 단면은 물방울 모양을 하고 있는 일종의 날개이다. 즉 비행기 날개를 잘라서 옆으로 눕혔다고 생각하면 이해하기 쉬울 것이다. 타의 단면은 좌우 대칭이기 때문에 타가 가운데에 있으면 힘이 발생하지 않지만, 타를 돌려주면 마치 비행기 날개에 양력이 생기듯이 타를 왼쪽이나 오른쪽으로 미는 양력 N이 작용하게 된다. 타는 일반적으로 선미 끝부분에 달려있기 때문에 배 중심에서 타까지의 거리(L)가 모멘트(회전 효과를 일으키는 물리량) 팔의 역할을 한다. 예를 들어, 타를 우회전시키면 타를 왼쪽으로 밀어주는 양력이 작용하고, 양력(N)과 모멘트 팔(L)을 곱한 만큼의 모멘트 $M(=L\times N)$이 시계 방향으로 작용해서 배는 선회하게 된다.

가장 단순한 타의 형태는 날개 모양의 단면을 갖는 일체형으로, 이것은 타 전체를 움직이는 전가동타(Allmorable Rudder)이다. 이러한 전가동타로 배를 선회시키고자 할 때 타 전체를 돌려줘서 모멘트를 발생시킨다.

이와 달리 호른타(Horn Rudder)는 타의 일부분이 배에 고정되어있다. 호른(horn)은 영어로 숫양 같은 동물의 뿔을 말하는데, 호른타의 고정 부분이 배에서 뿔처럼 나와있다고 해서 호른타라고 부른다. 호른타의 장점은 흔들리지 않고 고정된 면적이 선미 쪽에 있어서 배의 직진 성능을 좋게 만들어주고,(일종의 스케그와 같은 역할을 한다.) 타에 들어오는 물의 흐름을 좀 더 고르게 해주는 데 있다. 타는 배를 선회시키고자 할 때 회전시키기 때문에 선회 운동을 위한 장치로만 생각하기 쉽지만, 그것을 돌리지 않고 가운데를 유지시키고 있을 때는 스케그와 같이 배 뒷부분 면적을 증가시킴으로써 오히려 배의 직진 성능을 좋게 해주는 역할을 한다.

플랩타(Flapped Rudder)는 비행기 날개에서 플랩의 역할을 생각하면 이해하기 쉽다. 영화 속 장면이나 혹은 직접 비행기를 탔을 때 비행기 날개를 유심히 살펴본 적이 있는가? 관찰력이 좋은 사람은 비행기가 이착륙할 때 날개 뒤에서 널빤지 같은 것이 나오는 모습을 발견할 수 있었을 것

타 전체를 움직이는 전가동타(왼쪽)와 타의 일부분이 배에 고정되어있는 호른타.

플랩타(오른쪽)는 비행기 날개의 플랩과 같이 양력을 증가시킨다.

이다. 이 널빤지 이름이 바로 플랩이다. 플랩이 날개 밖으로 나오면 날개 면적이 증가하는 효과가 있기 때문에 양력이 커지고, 한편으로는 플랩 부분의 받음각이 날개의 받음각보다 더 크기 때문에 더 큰 양력을 받을 수 있게 된다. 일반적으로 비행기는 상공에서 날아다닐 때보다 이륙이나 착륙 때 더 큰 양력이 필요하기 때문에 이착륙시 플랩을 이용한다. 플랩타도 비행기 날개의 플랩처럼 타 뒷부분에 플랩이 설치되어있다. 플랩타는 타를 회전시켜서 양력을 얻을 때 (비행기 날개의 플랩처럼) 플랩 부분이 타보다 좀 더 꺾이게 설계되어있다. 그 결과 플랩에 유입되는 물의 받음각이 타의 몸체보다 더 커지게 함으로써 양력을 증가시켜 같은 면적의 타에 비해 더 큰 힘을 발생시킨다.

선회의 세 단계

배의 선회 항적을 살펴보면 그 선회 성능을 쉽게 알 수 있기 때문에 배를 새로 건조하면 언제나 선회 시험을 수행한다. 선회 시험은 배를 직선으로 달리다가 배에서 타를 일정 각도(일반적으로 최대각)만큼 돌린 채로 그대로 두었을 때 생기는 배의 경로를 관찰하는 시험이다. 넓은 광장에서 핸들을 틀고 가만히 있으면 자동차가 빙빙 돌듯이, 배도 타를 튼 채 가만히 있으면 결국 그 항적은 원을 그리게 된다. 좀 더 자세히 살펴보면, 선회의 항적은 크게 세 가지 단계로 구분할 수 있다.

선회의 제1단계는 타를 돌리기 시작하는 순간부터 타각이 최대가 될 때까지를 이른다. 자동차는 핸들을 돌리면 바로 돌아가지만 물 위에서 움직이는 배는 그렇지가 않다. 똑바로 직진하던 배는 타를 틀어도 그대로 움직이려는 성질이 강하기 때문에 이 1단계에서는 타의 힘이 작용해도 곧바로 그 경로가 바뀌지는 않는다.

반대로 선회의 제3단계는 모든 힘이 평형을 이루어서 배가 원운동을 하며 동심원의 궤적을 그리는, 정상 선회 운동을 하는 단계이다. 배가 그리는 동심원의 크기는 배의 선회 능력을 가장 쉽게 보여주는 지표이다. 즉 이 원의 크기가 작을수록 배는 쉽게 선회 운동을 하는 것이고, 원의 크기가 클수록 선회 능력이 상대적으로 떨어진다고 말할 수 있다. 대형 유조선은 배 길이의 약 세 배에 이르는 선회경(동심원의 지름)을 갖는다. 물론 이 동심원의 크기는 타의 힘뿐 아니라 배가

대우조선해양이 건조한 LNG선.
배가 선회를 하면서 궤적을 남기고 있다.

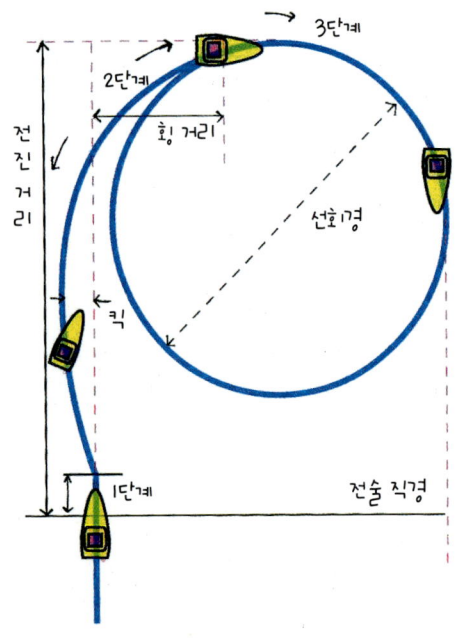

세 단계로 나누어 본 배의 선회 과정.

운항하는 속도나 배의 크기와도 관련이 있다.

선회의 제2단계는 1단계가 끝나고 배가 움직이기 시작하면서 3단계의 정상 선회에 이르기 전까지를 말한다. 우선 선회의 1단계가 끝나고 2단계가 시작된 직후에는 킥(Kick)이라는 현상이 발생한다. 예를 들어 배를 오른쪽으로 선회시키기 위해 타를 오른쪽으로 틀지만 배는 직선 경로를 벗어나면서 오른쪽으로 바로 선회하지 못하고 오히려 왼쪽으로 움직이는 현상이 발생하는데, 이런 현상을 킥이라고 부른다. 이렇게 배를 회전시키려는 방향과 반대로 움직이는 현상은 그 성질을 잘 이용하면 배를 옆으로 살짝 이동시킬 수 있기 때문에 배에 연료를 넣을 때나 바다에 빠진 인명을 구할 때 유용하게 이용되기도 한다. 킥 현상이 생기는 이유는 배가 회전을 하면서 충분한 모멘트를 발생시키기 전에 타에 작용하는 양력에 의해 배 전체가 선회하려는 방향과 반대쪽으로 밀려가기 때문이다.

마주 보는 배와 충돌할 위기에 처하면 선장은 배를 어떻게 움직일까? 자동차라면 충돌 위기로부터 탈출하기 위해서 급브레이크를 밟겠지만,

배는 정지시키는 것보다 선회시켜서 피하는 것이 더 안전하다. 실제로 대형 유조선의 경우 배를 정지시키기 위해 브레이크를 밟아도 수킬로미터는 앞으로 간 뒤에야 멈출 수 있다.*

일반적으로 배는 우현 선회를 해서 좌현과 교차되게 통과한다. 물론 선회 운동으로 충돌 위기를 피하기 위해서는 배의 선회 성능이 좋아야 한다. 앞 쪽의 그림에 표시된 전진(Advance) 거리와 횡(Tansfer) 거리는 이런 성능을 보여주는 지표다. 전진 거리는 배를 선회하기 시작해서 배가 원래 경로에서 90° 꺾였을 때까지의 거리이고, 횡 거리는 90° 꺾였을 때 옆으로 이동한 거리이다. 전진 거리가 짧고 횡 거리가 길수록 충돌 위기를 쉽게 극복할 수 있는 배라고 할 수 있다.

배가 선회를 할 때는 일반적으로 우현 선회를 해서 좌현과 교차되도록 통과한다.

선회 성능은 화물선 같은 일반 상선보다는 군함에서 더욱 중요시된다. 현대화된 일반 상선은 제작 단계부터 화물의 종류, 운항 경로까지 모두 결정되기 때문에 급선회해야 하는 돌발 상황은 거의 일어나지 않는다. 하지만 전투시에는 그 자체가 돌발 상황이고

> ■ 배에서도 브레이크를 밟을까?
> 브레이크를 '밟는다'는 표현을 사용했지만, 실제로 배를 정지시키기 위해서는 자동차처럼 바퀴를 멈추게 할 수도 없는 노릇이고 프로펠러를 거꾸로 돌려서 역주행을 시켜준다. 배가 정지하는 과정은 이렇다. 우선 엔진 회전 수를 0으로 만든 다음 그 후 엔진을 역전시켜 프로펠러를 거꾸로 회전시킨다. 그러면 진행 방향과 반대쪽으로 추력이 생기게 되고 그 힘으로 선박이 멈추는 것이다.

보니 신속한 움직임이 필수로 요구된다. 「탑건」(토니 스콧 감독, 1986년) 같은 전투기 영화를 보면 '적에게 꼬리를 잡혔다'는 말이 자주 나온다. 이것은 전투기의 무기 체계가 대부분 앞으로 발사되도록 구성되어있어서 적에게 등을 보이면 위기에 처할 수밖에 없기 때문에 나온 말이다. 따라서 누가 먼저 꼬리를 잡느냐는 공중전에서 매우 중요하다.

함정의 무기 체계는 전투기에 비해 그 위치가 자유롭긴 하지만 그래도 무기를 보다 효율적으로 사용할 수 있는 방향이 있고, 특히 예전 전투함은 (비행기가 꼬리를 잡듯이) 배를 함포가 향하는 쪽으로 돌리는 일이 전쟁의 승패와 직결되었다. 따라서 무기 체계가 약한 방향이 적함을 향하고 있을 때 얼마나 빨리 배를 180도 돌려서 함포로 적함을 겨냥할 수 있는가가 중요한 능력 요소였다. 배가 선회하기 시작해서 180도 반대 방향으로 돌 때까지 옆으로 이동한 거리를 지칭하는 전술 직경(Tactical Diameter)이라는 용어도 이러한 배경에서 생겨났다.

보이지 않는 힘이 일으킨 올림픽호 사건

빙상에 의해 침몰된 초호화 유람선 타이타닉호를 운항한 화이트스타라인 회사에는 타이타닉호의 자매선으로 올림픽호와 브리타닉호가 있었다. 타이타닉호의 비극만큼 알려지지는 않았지만, 무슨 저주라도 걸렸는지 브리타닉호는 병원선으로 개조되어 활약하던 중 1916년에 지중해에서 기뢰와 접촉해 침몰되었고, 뉴욕을 향하던 올림픽호도 영국 사우스햄튼에서 순양함

호크호가 갑자기 돌진해오는 바람에 충돌하는 어이없는 사고를 당했다.

올림픽호와 호크호가 충돌한 사건을 재판할 때에도 많은 논의들이 있었는데, 결국 자기 쪽으로 들어오는 호크호에 대해 아무런 방책도 강구하지 않은 올림픽호 선장에게 잘못이 있는 것으로 판결이 났다.

비운의 주인공 타이타닉호 모형.
올림픽호는 타이타닉호의 자매선이다.

하지만 이 사건은 법적인 판단과는 별도로 배의 조종 성능 관점으로 살펴볼 필요가 있다. 순양함 호크호가 호화 유람선 올림픽호를 공격할 의도로 돌진한 것은 당연히 아닐 테고, 여기에는 무언가 보이지 않는 힘이 작용했을 것이다. 이번에는 이 힘의 정체를 밝혀보자.

당시는 올림픽호나 타이타닉호 같은 빠른 대형 유람선이 처음 등장한 시기였고, 이러한 대형 선박에 익숙하지 않았던 선장들은 두 배 사이에 작용하는 힘에 대해 전혀 무지했다. 선장들은 이전의 작은 배를 조종하듯 때에 따라서는 배들을 서로 가까이 두고 운항하기도 했다. 하지만 이렇게 두 배가 가까이 다가서면 배 사이의 간격이 좁아지기 때문에(두 배 사이의 면적이 작아지기 때문에) 두 배 사이를 흐르는 물의 속도가 주변의 물의 흐름보다 빨라지게 된다. 이러한 현상은 앞에서 언급했던 유체의 연속 방정식으로 설명할 수 있다. 유체의 연속 방정식에 의하면, 면적이 좁을수록 유동이 빨라지고 넓을수록 느려지기 때문에 배 사이 간격이 좁아지면 그 사이를 지나는 물의 흐름은 빨라진다.

속도와 압력의 관계를 밝힌 베르누이의 정리에 의하면 속도가 빠를수록 압력은 감소하기 때문에 두 배 사이의 좁은 공간은 압력이 낮아지고, 낮은 압력이 작용하는 배 사이의 좁은 공간으로 힘이 작용하여 두 배가 서로 당겨지는 것 같은 현상이 일어난다. 순양함 호크호가 올림픽호로 돌진하게 만든 보이지 않는 힘의 정체가 바로 이것이다.

이러한 현상은 두 배 사이의 간격이 좁아질 때뿐만 아니라 배가 좁은 지역을 통과할 때도 발생한다. 그림과 같이 좁은 운하를 통과하는 배가 가운데에서 좀 더 벽 쪽으로 가깝게 운항하면 (유체의 연속 방정식에 의해) 벽 사이의 좁은 면적에서는 유속이 증가하고 (베르누이의 정리에 의해) 압력은 작아지므로 운하 중심에서 벽 쪽으로 배를 미는 힘이 작용한다. 이러한 현상을 뱅크석션(Bank Suction)이라 하는데, 운하를 통과할 경우 이러

A: 속도 빠르고 압력 작음
B: 속도 느리고 압력 큼

배가 서로 가까이 있으면 그 사이를 흐르는 물의 속도가 빨라지고 압력은 낮아져, 결국 압력이 큰 바깥쪽에서 압력이 작은 안쪽으로 힘이 작용하여 서로 충돌하게 된다.

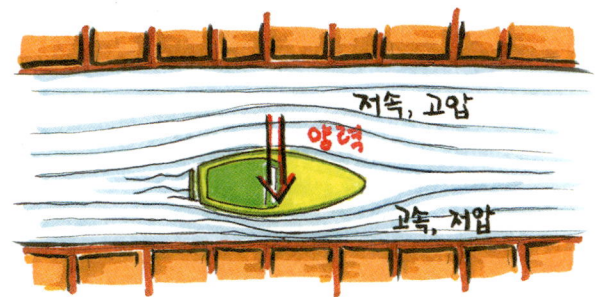

좁은 운하에서도 벽 가까이 배가 다가가면 압력 차가 생겨 배는 더욱 벽 쪽으로 밀려난다.

한 현상에 주의하지 않으면 배가 갑자기 운하 벽으로 부딪치는 수가 있기 때문에 배를 운항하는 사람들은 좁은 지역에서 항상 조심해야 한다.

배의 눈, 레이더

그럼 이제 조종 성능이 우수한 배를 몰고 시원한 바다로 나가보자. 그런데 막상 바다로 나가니 주위는 온통 파란 물결뿐인데, 도대체 어디로 가야 할까?

아무리 다리가 튼튼한 사람이라도 눈이 안 보이면 원하는 대로 마음 놓고 움직일 수 없듯이 배도 원하는 곳으로 가기 위해서는 멀리 볼 수 있는 눈이 필요하다. 범선이 나오는 옛날 영화를 보면 마스트*(mast) 위에 선원이 올라가서 멀리 수평선 너머를 뚫어지게 보고 있는 장면이 종종 나오는데, 이것도 멀리 보기 위한 노력이다.

> **마스트(mast)**
> 배의 중심선상의 갑판에 수직으로 세운 기둥. 범선의 돛을 달거나 무선용 안테나를 가설하거나 신호기를 게양하는 데 쓴다.

범선을 타고 있을 때 멀리 내다보려면 마스트 위에 올라가야 한다.

하지만 마스트를 높이 세우는 데는 한계가 있고, 더군다나 날씨가 좋지 않아 멀리 볼 수 없으면 높은 마스트도 무용지물이 된다. 그렇다면 과학이 발달한 오늘날에는 어떻게 배에서 먼 곳까지 볼 수 있는가? 바로 레이더가 이 눈의 역할을 한다.

레이더(RADAR)라는 명칭은 'Radio Detecting And Ranging'의 머리글자를 붙여서 만든 용어로, 전파로 대상을 탐지하여 그 방향과 거리를 알게 하는 장비이다. 처음에는 군사적 목적으로 개발되었던 레이더는 2차 세계대전을 거치면서 급속도로 발전하여 오늘날에는 거의 모든 배에서 안전하게 항해하고 운항 능률을 높이기 위해 이용하고 있다.

레이더의 기본 원리는 지극히 간단하다. 지하철이나 길에서 지팡이를 이용해 걸어가는 맹인들을 보았을 것이다. 지팡이로 땅을 두드리며 걸으면 앞에 장애물이 있는지 없는지를 알 수 있고 대략적인 거리와 방향도 측정할 수 있다. 레이더도 맹인의 지팡이와 똑같은 역할을 한다. 단지 차이점이 있다면 지팡이 대신 전파를 사용한다는 것뿐이다. 전파는 빛과 같은 속도로 직진하고 물체에 부딪치면 반사, 굴절, 산란하는 성질이 있다. 레이더는 전파의 이러한 성질을 이용하여 전파를 발사하고 그것이 물체에 부딪쳐 반사되어 돌아올 때까지의 시간을 측정하여 거리를 알아낸다.

$$(거리) = (이동\ 시간) \times (전파\ 속도) \times \frac{1}{2}$$

이때의 배와 물체 사이의 거리는 레이더가 물체에 반사되어 돌아오기까지의 시간을 재기 때문에 (왕복거리가 아닌 물체까지의 거리를 재기 위해

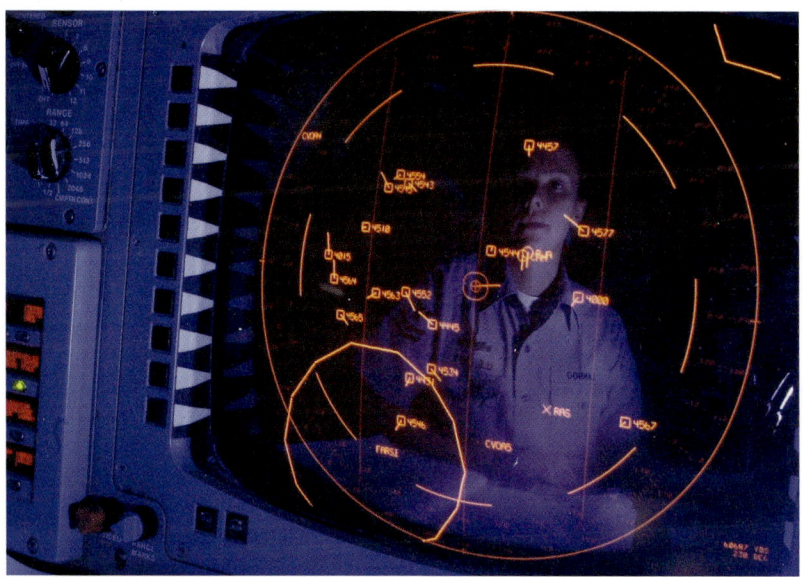

함정 안에 장착되어있는 레이더 스크린.

서는) 반으로 나누어주어야 한다.

물체의 방향은 스캐너(Scanner)의 방향에 의하여 알 수 있다. 배 위를 자세히 보면 빙글빙글 돌아가는 장치가 있다. 이것이 스캐너라고 불리는 부분으로, 레이더의 회전 안테나라고 볼 수 있다. 장님이 앞을 가기 위해 지팡이로 여기저기 짚어보듯이 배는 레이더 스캐너를 회전시키면서 전파를 발생시켜 각 방향에서의 물체까지의 거리를 측정한다.

레이더는 바다 위를 떠다니는 배나 하늘을 나는 비행기를 찾는 데에는 유용한 장비이지만, 물속에 있는 잠수함도 찾을 수 있을까?

불행히도 레이더에 작용되는 전자기파는 파장이 짧기 때문에 물속에서 쉽게 산란된다는 단점이 있다. 그래서 물속에서는 레이더 대신에 소나(SONAR)라는 탐지 장비를 이용한다. 소나라는 용어에 소리(Sound)라는 단어가 포함되어 있듯이, 소나는 전자기파 대신에 소리를 이용한다. 한 치 앞도 내다볼 수 없는 깜깜한 물속에서 잠수함이 의지할 수 있는 거라곤 소리밖에 없기도 하지만, 소리(음파)는 전자기

앞을 볼 수 없을 때 지팡이에 닿는 느낌으로 장애물을 파악하듯이, 배는 레이더를 통해 전파를 쏘아 반사되는 것으로 대상을 탐지할 수 있다. 스캐너는 레이더의 회전 안테나라고 할 수 있다.

파보다 파장이 길기 때문에 물속에서 산란이 덜 되는 장점이 있다.

장님인 잠수함은 소리를 듣기만 하는 수동 소나와 스스로 소리를 내는 능동 소나를 모두 사용한다. 수동 소나를 이용하면, 의사가 환자 배 위에 청진기를 대고 미세한 소리를 듣듯이 물속에서 나는 작은 소리들을 듣고 물속 상황을 파악할 수 있다. 이에 반해 능동 소나는 레이더처럼 자신이 능동적으로 음파를 발생시키고 그것에 반사되어 오는 음파를 통해서 탐지한다. 귀만 활짝 열어놓는 수동 소나는 소리를 내지 않는 장애물은 탐지할 수 없다는 한계가 있고, 능동 소나를 이용하면 잠수함이 스스로 소리를 발생시키기 때문에 자신의 정체와 위치가 노출될 결정적인 위험부담을 져야 한다.

소나 기술도 점점 발달하고 대중화되면서 오늘날에는 소나가 군사적 목적 이외에도 물고기를 잡거나 바다 속 깊이 잠겨있는 난파선을 찾는 데에도 널리 쓰이고 있다.

나는 어디에? GPS

1492년 10월 12일, 두 달이 넘는 긴 항해 끝에 산타마리아호는 마침내 새로운 땅에 도착했다. 그날은 바로 크리스토퍼 콜럼버스가 신대륙(그는 죽는 날까지 그곳이 인도라고 믿고 있었지만……)을 발견한 날인 동시에 제국주의가 본격적인 서막을 올린 날이기도 했다. 콜럼버스가 신대륙을 발견할 수 있었던 것은 정치적, 경제적 이해관계로 정부가 그를 지원해준

덕도 있었지만, 무엇보다도 나침반을 이용한 항해술의 발전이 큰 힘이 되었다. 지구는 둥글기 때문에 계속 서쪽으로 가면 인도에 도착할 수 있을 것이라고 확신했던 콜럼버스라 해도 망망대해에서 서쪽이 어디인지를 알 수 없었다면 신대륙을 향한 항해를 시작하지 못했을 것이다. 즉 방위를 알아내는 기술이 발달했기에 콜럼버스의 신대륙 발견이 가능하였고, 여기에는 나침반이 일조를 하였다.

나침반이 본격적으로 항해술에 이용되기 전에는 태양이나 별을 이용해서 방향을 계산하였다. 하지만 이런 항해술은 흐린 날씨에는 이용할 수 없다는 맹점이 있었다. 더욱이 15세기 초에 몇몇 포르투갈 선장들이 아프리카 서부 해안을 따라 항해해 내려가다가 어느 지점에 이르자 북극성이

적도를 지나면 북극성이 수평선 아래에 있기 때문에 안 보이지만,
옛 선원들은 그들이 세상의 절벽에 도착했기 때문에 보이지 않는 것이라고 믿었다.

사라져버리는 현상을 발견했다는 소문은 대양 항해를 꿈꾸던 항해자들을 움츠러들게 하였다. 별자리에 의존해서 항해하던 선원들에게 절대적인 의미가 있는 북극성이 사라져버렸다는 것은 곧 바다 멀리 항해를 계속하면 세상의 절벽에 도달할 것이라는 믿음을 더욱 강하게 해주었다.

이러한 문제점 때문에 당시 항해자들은 육지에 붙어서 항해하는 데 만족하고 감히 대양으로 나설 엄두를 내지 못하였다. 그런데 이러한 장벽을 깬 사람이 콜럼버스이고, 이것을 가능하게 한 장비가 바로 나침반이다. 일종의 자석인 나침반은 항상 북쪽을 가리킴으로써 날씨와 장소에 상관없이 방위를 알 수 있게 해준다.

현대 과학은 나침반을 이용해 방위를 알아내는 데서 만족하지 않고, 이제는 배의 정확한 위치를 알려주기에 이르렀다. 오늘날의 배는 자신의 위치를 정확히 계산해내기 위해서 위성 항법 장치 GPS(Global Positioning System)를 사용한다. GPS는 세계적인(Global) 위치 결정 방식(Positioning System)이라는 의미이며, 시간과 거리를 이용한 항법 방식이라는 뜻에서 NAVSTAR(내브스타 ; Navigation System with Time And Ranging)라고 불리기도 한다.

1990년대에 들어 GPS는 상업용으로 쓰이게 된 이후 급속도로 상용화되어, 지금은 배·항공기·자동차·건축 현장 등에서 사용되는 것은 물론이고, 심지어 이동 통신 회사에서는 휴대전화의 GPS 수신기를 이용해 위험에 처한 자녀나 노부모의 위치를 알려주기도 한다. 하지만 휴대전화나 차량에 설치된 장비만으로 GPS 시스템이 구성되는 것은 아니다.

GPS 시스템은 우리 눈에는 보이지 않지만 24개 위성과, 이 위성들을

GPS는 위성과 관제소, 그리고 수신기로 구성되어있다.

지원하는 관제소, 그리고 일반 사용자가 이용하는 수신기까지 크게 세 부분으로 구성되어있다.

GPS의 원리는 의외로 간단하다. GPS 위성에는 10^{-12} 이상의 높은 정밀도를 가진 위성 시계가 있어서 자신의 시각(t_s)을 전파를 통해서 보낸다. 이 전파가 수신기로 들어오면 수신기의 시각(t_n)과 비교하여 전파가 이동하는 데 걸린 시간 Δt ($=t_n-t_s$)를 계산한다. 레이더가 전파의 속도와 반사파가 돌아올 때까지 걸린 시간으로 대상물까지의 거리를 계산하듯이, GPS에서는 전파의 속도 v와 전파의 이동시간 Δt를 곱해서($\Delta t \times v$) 위성과 수신기까지의 거리 d를 계산한다. 하지만 레이더와는 달리 GPS를 통해서는 위성과 수신기까지의 거리만 알 수 있을 뿐 방향은 모른다.

위성까지의 거리만 알 수 있는 상황에서 자신의 위치를 알기 위해서는 적어도 세 개의 위성이 필요하다. 이해를 돕기 위해서 2차원으로 생각해 보자. 오른쪽 그림 1번 위성에서 전파를 발생시키면 배의 위치는 알 수 없지만 1번 위성에서 배까지의 거리 d_1은 알 수 있다. 이 경우에 중심이 1번 위성에 있고, 반지름이 d_1인 원 C_1 위에 배가 있다는 사실은 분명하다. 마찬가지로 2번 위성에서 배까지의 거리 d_2를 알게 되면 배는 중심이

2번 위성에 있고 반지름이 d_2인 원 C_2 위에 있게 된다. 지금 배는 C_1과 C_2 위에 동시에 있어야 하므로 C_1과 C_2의 교점 p_1이나 p_2 위의 한 점에 존재한다.

마지막으로 3번 위성부터의 거리 d_3를 구할 수 있다면 배의 정확한 위치를 구할 수 있다.

3차원으로 확장되어도 마찬가지이다. 차이점이 있다면 배는 원 위에 있지 않고 3차원 형상인 구 위에 있게 된다는 점이다. 위에서는 GPS의 작동 원리에 대한 이해를 돕기 위해 개념적으로 설명하였지만, 실제로 GPS를 운용해서 정확한 위치를 구하기 위해서는 배의 이동에 따른 의사 거리의 수정을 비롯한 오차 수정이 필수적으로 요구된다. 실제로는 배의 움직임까지 고려해서 속도와 위치를 구하기 위해서는 적어도 네 개의 위성이 필요하다.

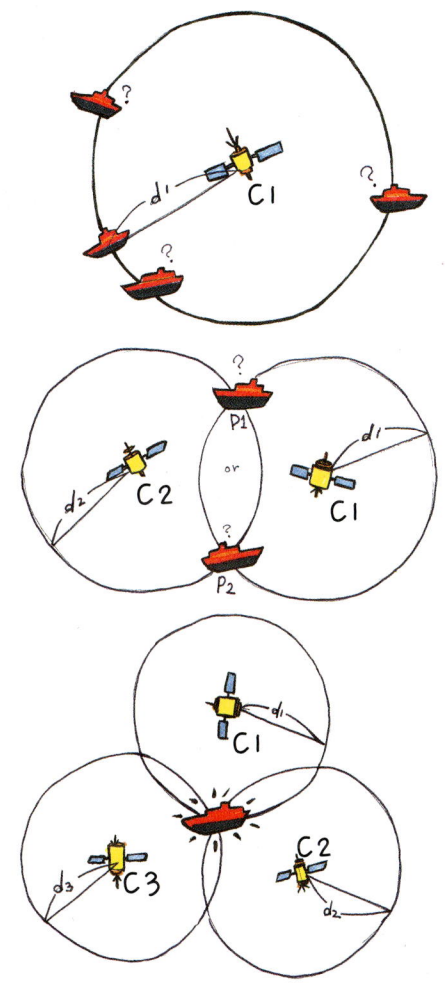

방향은 알 수 없고 거리만 계산 가능한 GPS를 통해 자기 위치를 알려면 여러 개의 위성을 활용해야 한다.

흔들리는 배, 흔들리지 않는 배

뱃멀미! 경험해보지 않은 사람은 그 고통을 절대 상상할 수 없을 것이다. 씩씩한 해군 장병들도 배를 처음 타면 한 번쯤 이 뱃멀미의 고통을 겪는다고 한다. 뱃멀미가 생기는 이유는 파도에 의해 배가 흔들리기 때문인데, 파도는 뱃멀미의 고통을 줄 뿐만 아니라 심지어 배를 전복시켜버리기도 한다.

안정, 불안정, 중립

우리는 이제까지 배를 띄우고(부양성), 앞으로 나아가게 하고(저항 및 추진), 원하는 대로 조종(조종성)하는 법을 살펴보았다. 그러나 배가 너무 심하게 흔들려서 탈 수 없을 정도이거나, 배가 바다에 나가서 파도에 뒤집혀버린다면 문제가 있지 않겠는가. 이번에는 배를 흔들리지 않도록 만들어보자.

배가 흔들린다 해도 제자리로 돌아올 수만 있다면 비록 뱃멀미로 고생할지는 몰라도 어찌되었든 그 배를 타고 세계 어느 곳이든 갈 수는 있을 것이다. 하지만 외부 자극에 의해 기울어진 다음에 흔들렸을 때 원래 상태로 돌아오지 않고 그대로 배가 뒤집혀버린다면 이야말로 큰 문제이다.

외부 자극에 흔들린다 해도 초기 상태로 쉽게 돌아오는 상태를 '안정'하다 말하고, 그렇지 않으면 '불안정'하다고 말한다. 원뿔 기둥 세우기를 통하여 안정, 불안정, 그리고 중립을 쉽게 이해해보자.

원뿔을 세우라고 하면 대부분의 사람들은 그림 (가)와 같이 평평한 바닥이 땅에 닿게 세울 것이다. 이러한 상태에서는 원뿔에 살짝 힘을 주어도 쉽게 원래 상태로 돌아오는데, 이러한 때를 안정하다고 말한다. 만약

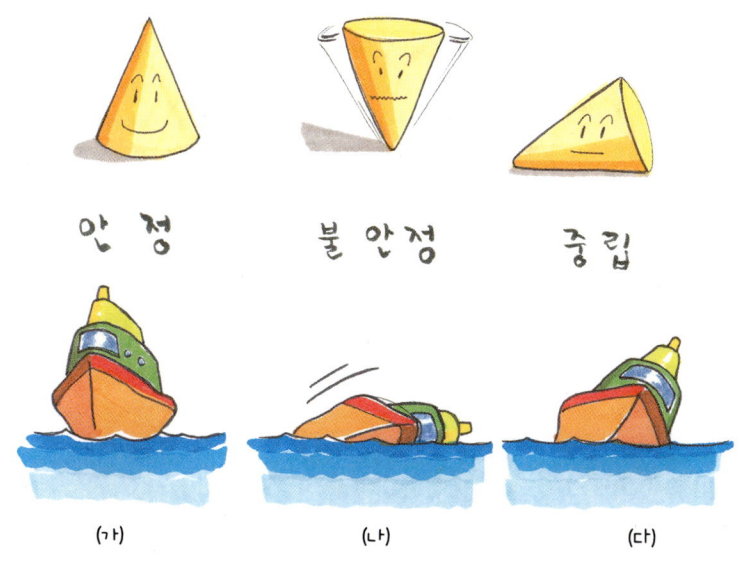

원뿔 세우기처럼 배도 안정과 불안정, 그리고 중립인 배가 있다.

에 반대로 그림 (나)와 같이 원뿔의 꼭지를 땅에 닿게 세운다면 당연히 원뿔은 쓰러지고 말 것이다. 이론적으로는 꼭지를 땅에 닿게 하고도 무게중심만 맞추면 원뿔을 똑바로 세울 수 있지만, 이런 이론이 실제 생활에서 성립하지는 않는다. 그 이유는 원뿔을 거꾸로 세우는 것이 불안할 뿐만 아니라, 외부 자극이 오거나 조금이라도 중심에서 어긋나면 초기 상태로 돌아오지 못하기 때문이다. 즉 외부 자극 등으로 초기 상태에서 조금만 벗어나도 다시 그 상태로 돌아올 수 없으면 불안정하다고 말한다. 만약에 원뿔을 옆으로 눕히면 어떻게 될까? 살짝 힘을 주면 그 초기 상태에서 움직여 다시 초기 상태로 돌아오지는 않는다. 그러나 이것이 불안정 상태와 다른 점은 움직인 다음에 거기서 다시 안정하게 멈춘다는 것이다. 이런 상태를 중립이라 한다.

배도 마찬가지다. 안정한 배는 파도가 치면 흔들흔들하다가 다시 원래 위치로 돌아오고, 불안정한 배는 뒤집히고 만다. 그리고 중립인 배는 파도가 치면 살짝 기울어져 다시 원래 자세로 돌아오지는 않더라도 기울어진 상태 그대로 떠있을 것이다.

배는 왜 흔들리다 돌아올까?

안정적인 배는 오뚝이처럼 흔들거리다가 다시 원래 위치로 돌아오는데, 어떤 힘이 작용해서 배가 초기 상태로 돌아오는지 생각해보자. 물 위에 떠있는 배는 기본적으로 항상 지구가 당기는 힘인 중력과, 물이 위로 떠우려는 힘인 부력의 영향을 받는다. 중력은 배 전체에 작용하는 힘이기 때문에 중력의 작용점인 무게중심은 배의 가운데 근처에 있게 되고, 부력은 물에 잠긴 부분의 부피에 비례하기 때문에 부력의 작용점인 부심은 대략적으로 물에 잠긴 부분의 중간 정도의 깊이에 있다고 생각할 수 있다. 즉 대부분의 배에서는 무게중심(G)이 부심(B)보다 위에 위치한다.

배가 흔들리지 않는 초기 상태에는 중력과 부력이 아래 그림 (가)와 같이 작용하고, 그 힘은 서로 평형을 이루어 배가 떠있게 된다. 만약에 파도 등의 외부 자극을 받아 배가 왼쪽으로 기울어졌는데도 중력과 부력에 변화가 없다면, 중력은 부력보다 왼쪽에서 아래로, 부력은 중력보다 오른쪽에서 위로 작용하기 때문에 두 힘은 배를 반시계 방향으로 돌리는 모멘트를 발생시키고, 오히려 배를 전복시킬 것이다.

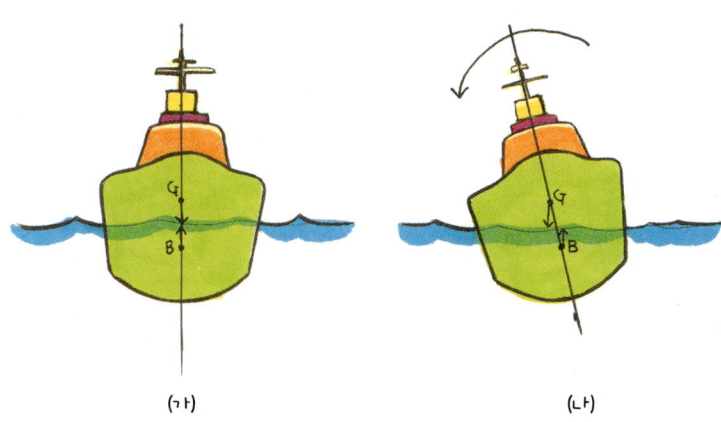

(가)   (나)

흔들리지 않는 배는 중력과 부력이 평형을 이루지만,
배가 기울었는데도 중력과 부력에 변화가 없다면 모멘트가 발생하여 배가 뒤집힐 것이다.

그런데 실제 배가 전복되지 않고 다시 원래 위치로 돌아올 수 있는 비밀은 부심의 변화에 있다. 배가 기울어졌다 해도 배의 무게 분포가 바뀌지는 않기 때문에 당연히 무게중심에는 위치 변화가 없지만 부심은 그렇지 않다. 부력은 물에 잠긴 부분의 부피에 비례하기 때문에 배가 기울어 물에 잠긴 부분에 해당하는 부피의 형상이 바뀌면 부심의 위치도 바뀌게 된다. 아래 그림과 같이 배가 왼쪽으로 기울면 왼쪽으로 잠긴 부분의 부피도 늘어나므로 배의 중심선을 기준으로 보았을 때 좀 더 왼쪽으로 부심이 이동한다. 만약에 아래 그림 (가)와 같이 부심(B′)이 무게중심보다 더 왼쪽에 위치하면 위로 미는 힘(부력)은 왼쪽에서 작용하고 아래로 당기는 힘(중력)은 오른쪽에서 작용하기 때문에 두 힘에 의한 모멘트가 시계 방향으로 작용해서 배를 원래 위치로 돌려놓는다. 즉 배가 기울어지면 부심의 이동 때문에 복원력이 작용해서 배를 원래 상태로 되돌려놓는다.

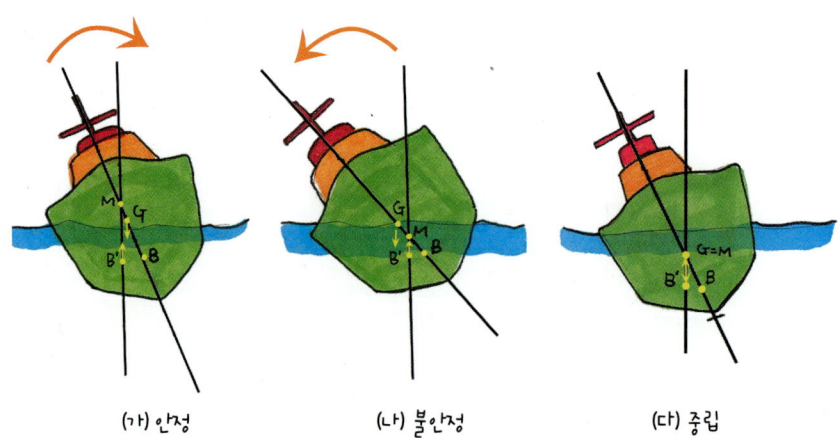

(가) 안정 (나) 불안정 (다) 중립

배가 기울어졌을 때 부심과 무게중심이 어느 방향으로 작용하느냐에 따라 복원되기도 하고 전복되기도 한다.(G는 무게중심, B는 부력, M은 메타센터)

하지만 항상 부심이 무게중심보다 왼쪽에 있는 것은 아니다. 그림 (나)와 같이 배가 더욱 기울어지면 부심(B′)이 무게중심보다 더 오른쪽으로 오게 된다. 이 경우에는 아래로 작용하는 힘(중력)이 왼쪽, 위로 작용하는 힘(부력)이 오른쪽에서 작용하므로 배를 반시계 방향으로 돌리는 쪽으로 모멘트가 작용하여 오히려 배를 더 기울게 해 전복시키고 만다.

결론을 말하자면, 배는 어느 정도 크기의 외력에 대해서는 복원력을 가지고 다시 원래 위치로 돌아오지만, 그 힘이 한계를 넘어서면 전복되고 만다.

배의 복원성을 판정하는 지표로 18세기의 프랑스 수학자 부게르(Bouguer)는 메타센터(Metacenter)의 위치를 제시하였고, 이 방법은 지금도 사용되고 있다. 왼쪽 그림에서 보이듯이 메타센터(M)는 초기 부심(B)에서 수면에 수직으로 그은 선과, 경사 후 부심(B′)에서 수면에 수직으로 그은 선의 교점이다.

그림 (가)와 같이 안정되어있던 배가 기울어진 상태를 보면 새로운 부심은 무게중심보다 왼쪽에 있고, 이 경우에 메타센터 M은 무게중심보다 위에 존재함을 알 수 있다. 이에 반해 불안정한 배는 새로운 부심이 무게중심의 오른쪽에 있어, 이 경우에 메타센터 M은 무게중심보다 아래에 존재한다. 즉 안정한 배는 무게중심에서 메타센터까지의 거리인 GM이 0보다 크고(GM>0), 불안정한 배는 0보다 작으며(GM<0), 중립인 배는 0과 같음을(GM=0) 알 수 있다.

메타센터 높이라 불리는 GM에는 배 바닥을 K라 하였을 때 GM=KB+BM-KG의 관계가 성립한다. KB는 바닥에서 부심까지의 높

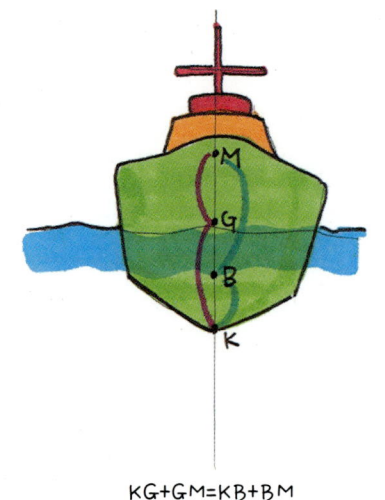

$KG+GM=KB+BM$
$\therefore GM=KB+BM-KG$

무게중심 G, 부심 B, 메타센터 M, 배 바닥 K의 관계를 조합하면 'GM=KB+BM-KG'라는 식을 만들 수 있다.

이, KG는 바닥에서 무게중심까지의 높이이며, BM은 메타센터 반지름이라 부른다. 부력이 물에 잠긴 부분의 부피에 비례하므로 부심 위치(KB)는 물에 잠긴 부분의 형상에 영향을 받고, 무게중심 위치(KG)는 배 전체의 무게에 영향을 받는다. 메타센터 반지름 BM은 배의 폭, 형상, 흘수 따위와 관련되어있지만, 특히 배의 폭에 영향을 많이 받는다. 즉 배의 폭이 커지면 BM이 증가하고 배의 폭이 감소하면 BM은 감소하는 성질이 있다. GM＝KB＋BM-KG의 관계에서 알 수 있듯이, 폭이 넓은 배는 BM이 크므로 당연히 GM도 커지기 때문에 배가 안정하고, 폭이 좁은 배는 GM이 작기 때문에 배가 불안하다. 그렇기 때문에 뚱뚱한 보트는 잘 뒤집히지 않는 데 반해 날씬한 카누는 잘 뒤집히는 것이다.

폭이 좁은 배는 넓은 배에 비해 메타센터 반지름(BM)이 작다.
따라서 메타센터 높이(GM)도 작아 배가 더 잘 뒤집힌다.

군함의 멋, 함포

요즈음은 동네 문방구에서 플라스틱으로 된 조립식 장난감을 찾기가 쉽지 않지만, 한동안 조립식 장난감이 남자아이들의 보물인 때가 있었다. 지금이야 꼬마들도 돈이 생기면 게임방으로 후다닥 뛰어가 온라인 게임이나 인터넷을 한다지만, 내 어린 시절에는 어쩌다 돈이 생기면 무작정 조립식 장난감을 사러 문방구로 뛰어갔다.

우리 동네 문방구에는 내가 갈 때마다 꼭 한 번씩 보는 장난감이 있었다. 그 이름마저도 너무나 멋지게 들렸던 독일 전함 '비스마르크호'! 꼬마였던 나는 이 커다란 장난감 배를 꼭 만들어보고 싶었지만 가격이 만만치 않았으므로 그저 비싼 그림의 떡일 뿐이었다. 2차 세계대전에서 활약했던 비스마르크호는 거대한 곡선과 날렵한 생김새, 그리고 그 비극적인 최후로도 나를 매료시켰지만, 무엇보다도 갑판 위에 설치된 거대한 함포가 가장 마음에 들었다.

현대전에서는 미사일 같은 유도 무기 체계의 발달에 힘입어 함포의 역할이 예전보다는 감소했지만, 그래도 함포는 전투함이라면 필수적으로

비스마르크호 모형. 어린 내게 이 군함 위의 함포가 어찌나 멋졌던지!

헨리 8세 초상화(왼쪽)와 그의 의도로 1545년 등장한 그레이트 해리호. 그는 제해권을 장악해야 영국이 강해질 수 있고, 그러기 위해서는 대형 전함을 건조해야 한다고 믿었다.

보유해야 하는 가장 중요한 무기 체계 가운데 하나이다. 실례로 1999년 연평해전에서도 초계함의 76mm 함포와 고속정의 40mm 함포가 쓰이기도 하였다.

하지만 막강한 화력을 얻고 싶다고 해서 무작정 함포를 많이 설치할 수 있는 것은 아니었다. 지금이야 배가 크고 무겁기 때문에 여유가 있지만 옛날 군함은 나무로 작게 만들었기 때문에 함포의 개수에 제한이 있었다. 이에 대해서 고민하고 해결책을 제시한 사람 가운데 영국의 헨리 8세가 있다. 헨리 8세는 이혼하기 위해 국교를 바꿀 정도로 강력한 왕권을 휘두르고 있었는데, 영국이 강해지기 위해서는 제해권을 장악하고 나아가 식민지 경쟁에서 우위를 점해야 한다고 생각했다. 또한 그는 영국이 신흥 해상 제국으로 확실히 거듭나려면 수많은 대포가 탑재된 막강한 대형 전함을 건조해야 한다고 믿고 있었다.

하지만 당시 과학 기술로는 무거운 대포를 많이 장착하면 배가 불안해지기 때문에 배에 실을 수 있는 대포의 수가 한정될 수밖에 없었다. 갑판 위에 무거운 대포를 올려놓으면 왜 배가 불안해지는지 알아보는 방법으로, 안정성 기준인 메타센터 높이 $GM = KB + BM - KG$의 공식을 검토해보자. 무거운 대포를 갑판 위에 놓으면 무게 분포는 위로 쏠리기 때문에 무게중심이 위로 올라가게 된다. 즉 KG가 증가하게 되고, 이는 곧 GM을 감소시켜 메타센터 높이가 작아지고 결국 배의 안정성이 떨어지게 되는 것이다.

그러나 메타센터 높이 표현식에는 해결책도 제시되어있다. KG의 증가가 문제라면 반대로 BM을 크게 만들면 되지 않을까? 앞에서 언급했듯이 메타센터 반지름 BM은 배의 폭이 증가하면 커지기 때문에, 배의 폭을 증가시키면 BM이 커져서 GM 값을 유지하여 배의 안정성을 확보할 수 있을 것이다. 하지만 배의 폭을 증가시켜 안정성을 높이면 배가 뚱뚱해지기 때문에 항해 중에 받는 물에 의한 저항이 커져서 빠른 속도를 낼 수 없다. 아무리 많은 수의 대포가 장착되어있어도 기동성이 떨어진다면 해전에서 위협적인 존재가 되지 못하는 것이다. 그렇기 때문에 헨리 8세 시절에는 전함에 대포를 많이 싣지 못했다.

그러나 콜럼버스의 달걀처럼 해결책은 의외로 간단한 데 있었다. 이 간단한 해결책으로 헨리 8세는 막강한 영국 해군을 손에 넣게 된다. 많은 수의 대포를 갑판에 실었기 때문에 무게중심이 높아져 배의 안정성이 떨어진다면 대포를 배의 아래쪽에 설치하면 되지 않을까? 그렇다면 갑판 아래에 있는 대포는 어떻게 발사시킬 수 있을까? 이를 위해서 헨리 8세는 선체 표면에 대포를 발사할 수 있는 포문을 만들고, 일종의 방수창으로 포문을 막아서 바닷물이 넘쳐 들어가는 것을 방지했다. 또한 전쟁시에는 방수창을 열어 대포를 쏠 수 있게 했다.

그 결과로 나온 배가 1545년 템스 강에서 위풍당당한 모습을 드러내며 해상 전투에 혁명을 불러온 그레이트 해리(The Great Harry)호이다. 그레이트라는 이름 그대로 이 위대한 해리호는 60lb(pound[파운드]) 포에 해당하는 4문의 큰 대포와 32lb 포에 해당하는 12문의 반 대포, 그리고 그 밖에도 수많은 소형 대포들로 빽빽하게 채워졌다. 이렇게 함으로써 이 전함은 뱃전에 늘어선 대포들로 멀찌감치 떨어진 곳에서 일제 사격하여 적함을 산산조각 내버릴 만큼 막강한 화력을 갖게 되었다. 이 새로운 배는 해상 전투에 일대 혁명을 불러왔다. 즉 갑판 위에서 화살이나 칼로 싸우거나 뱃머리를 부딪쳐 적의 배를 침몰시키던 근접전의 해상 전투 시절은 끝나고, 함포로 원거리 공격을 하는 새로운 개념의 해상전이 시작된 것이다.

그레이트 해리호의 대포에는 또 다른 발명품이 숨어있었다. 대포를 작은 바퀴가 달린 신형 장비에 올려놓음으로써, 발사 후 반동으로 밀려갔다가 재빨리 발사 전 원래 위치로 되돌아올 수 있도록 하여 대포를 신속하게 재장전할 수 있게 만든 것이다.

그런데 굳이 이렇게 할 필요 없이 대포를 배에 고정시키면 언제라도 바로 재장전할 수 있지 않을까? 뉴턴의 작용 반작용 법칙을 되새겨보자. 대포에서 포탄을 발사시키면(작용) 포탄은 앞으로 발사되지만, 동시에 그

포탄은 대포를 뒤로 밀어주게 된다(반작용). 만약에 대포가 배에 고정되어있다면 이 힘이 그대로 배로 전달되어 배가 흔들릴 것이다. 조그만 보트 위에서 사람이 뛰어내릴 때 보트가 흔들리는 것을 생각하면 이해가 쉬울 것이다. 이때 이렇게 배가 흔들리는 현상을 줄이기 위해 헨리 8세가 살았던 당시에는 포를 배에 고정시키지 않은 것이다.

포탄을 발사할 때마다 포가 뒤로 밀리면 다음 발사를 준비하는 데 많은 시간이 소모된다. 그레이트 해리호는 대포를 바퀴가 달린 장비 위에 올려놓음으로써 시간 소모를 줄일 수 있었다. 그 이후로도 이러한 시간을 줄이기 위한 연구는 계속되어 19세기 말에는 소위 속사포가 완성된다. 말을 빨리 하는 사람을 두고 속사포 같다고 하듯이, 속사포는 화포 발사 후 자동 재장전되면서 현저히 빠른 발사 속도를 갖는 대포를 말한다. 속사포

갑판 위에 올라와 있는 함포. 군함이 여러 방향으로 공격하기 위해서는 함포가 갑판 위로 올라올 수밖에 없다.

남북전쟁 때 북부군의 군함이었던 모니터호 모형. 그림에 표시된 부분이 모니터호의 선회 포탑이다.

가 최초로 사용된 것은 청일전쟁 당시인 1894년 황해해전이었다. 이때 일본 해군은 1분에 10~12발의 포탄을 발사하는 구경 12~15cm 속사포를 썼는데, 이것이 일본군의 승리에 결정적인 역할을 했다고 알려져 있다. 물론 현대의 전투함은 크고 무겁기 때문에 함포를 쏘았다고 해서 크게 흔들리지는 않지만, 오늘날의 함포도(함포뿐만 아니라 육지에서 쓰는 대포도) 포탄을 발사한 후에 포대가 뒤로 이동함으로써 배에 전달되는 충격을 줄여준다.

무게중심을 낮추기 위해서 그레이트 해리호는 함포를 갑판 아래 설치하기는 했지만, 함포 운용이나 공간 활용 측면에서 보면 함포를 갑판 위에 설치하는 것이 훨씬 효율적이다. 그래서 전투함의 무게나 크기도 옛날보다 훨씬 커지고 대포의 충격 완화 장치도 발달된 오늘날에는 안정성에 큰 문제가 없기 때문에 다시 함포를 갑판 위에 설치하고 있다.

함포가 갑판 위로 올라온 데에는 또 다른 이유가 있다. 미국 남북전쟁에서 북부군의 군함 '모니터호'는 여러 면에서 배의 발전에 기여한 바가 크다. 모니터호는 프로펠러라는 새로운 추진 장치를 해상 전투에서 최초로 사용하여 프로펠러의 우수성을 입증하였고, 강철로 만들어졌기 때문에 철선의 효용성을 보여주기도 했다. 이와 더불어 무기 체계에 있어서는 선회 포탑을 최초로 사용함으로써 이후의 군함 발전에 큰 영향을 미쳤다.

선회 포탑은 말 그대로 포문을 장치한 포탑이 갑판 위에서 빙빙 돌면서 적을 향해 대포를 발사할 수 있는 장치이다. 선회 포탑이 발명되었다는 것은 곧 배를 돌리지 않고도 적을 공격할 수 있음을 의미한다. 그레이트 해리호 시절처럼 함포를 배 아래쪽에 설치하면 이 함포는 한 방향으로만 공격할 수밖에 없다. 그러므로 대포를 선회시켜 다양한 방향으로 적을 공격하는 선회 포탑이 갑판 위에 설치되어있는 것은 당연한 이치이다.

흔들림을 막자

배가 심하게 흔들리면 여러 모로 괴롭다. 승무원들은 멀미에 시달려야 하고 화물들도 흔들거리며, 군함은 함포나 미사일을 정확히 쏘는 데 어려움을 겪게 된다. 하지만 흔들림 때문에 배를 두려워할 필요는 없다. 흔들림 현상을 막아주는 장비들이 이미 개발되어 흔들림이 작은 배를 만들어주고 있기 때문이다. 심지어 안정된 유람선에서는 그 안에서 당구를 즐길 정도이다. 당구를 좋아하는 사람들은 알겠지만, 당구공은 참 잘 굴러간다. 바닥이 조금이라도 흔들리면 공이 바로 움직이기 때문에 게임을 할 수 없는데, 배 안에서 당구를 즐길 수 있을 정도라고 하면 얼마나 흔들림이 없는 것인지 짐작할 수 있을 것이다.

흔들림을 막기 위해 가장 손쉽게 쓰이는 장비는 빌지킬(Bilge Keel)이다. 빌지킬은 생김새나 원리가 지극히 간단하다. 배의 측면과 바닥이 연결되는 굽은 부분에 얇은 판을 길게 붙이기만 하면 빌지킬은 완성이다.

대우조선해양에서 건조한 여객선. 특히 사람을 실어 나르는 여객선이나 유람선은 안정성이 중요하다.

배가 흔들리는 것을 방지하기 위한 빌지킬은 배 밑바닥에 얇은 판을 붙임으로써 간단하게 만들 수 있다.

물고기의 배지느러미를 생각하면 그 형태를 쉽게 상상할 수 있을 것이다. 빌지킬을 갖춘 배는 이런 지느러미가 배 바닥 양쪽에 하나씩 두 개 설치되어있다. 빌지킬은 배가 흔들리려 할 때 물을 밀어주고 와류(소용돌이)를 발생시키기 때문에 그만큼 회전에 대한 마찰저항이나 조와저항이 증가하여 배의 흔들림을 막아준다.

안티롤링(Anti-Rolling) 탱크는 일종의 커다란 U자형 관을 배에 설치하고 그 안에 물을 채워둠으로써 흔들림을 줄여주는 장비이다. 일반적으로 배가 왼쪽으로 기울면 그 안에 있는 물도 왼쪽으로 이동하기 시작한다. 하지만 U자형 관을 통해 물이 이동하는 데는 시간이 걸리기 때문에 배의 경사 방향과 물의 위치가 항상 일치하진 않는다. 심지어 U자형 관의 형태를 잘 조절하면, 배가 왼쪽으로 기울었을 때 오히려 물은 오른쪽에 있고, 배가 오른쪽으로 기울면 물이 왼쪽에 있도록 설계할 수도 있다. 이렇게 되면 배의 기울어진 방향과 반대쪽에 있는 U자형 관의 물은 그 무게로 배를 다

안티롤링 탱크는 배 안에 물을 채워두었을 때 시간에 따라 배와 물의 움직임 방향에 차이가 있음을 이용한 것이다.

시 눌러줌으로써 원위치로 돌리는 역할을 수행한다. 물론 U자형 관 안에 있는 물의 움직임과 배의 움직임을 잘못 조절하면, 배가 오른쪽으로 기울어질 때 관 안의 물도 오른쪽으로 가고, 왼쪽으로 기울어질 때는 또 물도 함께 왼쪽으로 가게 되어 오히려 배를 전복시킬 수도 있다. 이런 문제점을 없애기 위해 요즘 나오는 안티롤링 탱크는 U자형 관 안의 물을 직접 펌프로 조절해서 배가 기울어지는 방향과 반대쪽으로 물이 움직이도록 제어해준다.

핀(Fin) 안정기는 가장 능동적인 흔들림 방지 장치이다. 빌지킬이 물고기의 배지느러미와 비슷하다면 핀 안정기는 아가미 옆에 있는 가슴지느러미와 비슷한 기능을 한다. 핀이라는 말도 영어로 지느러미를 뜻하는 단어이다. 배 양쪽에 설치된 핀 안정기는 단면 모양이 날개처럼 대칭이고, 실제로 날개와 같은 역할을 하고 있다. 이 핀 안정기는 어느 일정한 각도로 유동이 들어오면 날개 윗면과 아랫면의 압력차에 의해 날개를 뜨게 하는 양력을 받는다. 그리고 이 양력의 크기는 받음각의 크기에 비례한다.

핀 안정기는 배의 움직임에 따라 날개 면이 움직여 양력을 유발한다.

핀 안정기는 이런 양력을 발생시켜서 배의 흔들림을 줄여준다. 만약에 배가 그림과 같이 왼쪽으로 기울면 왼쪽 핀 앞날은 위를 향하여 움직이고, 오른쪽 핀 앞날은 아래를 향해 움직인다. 이렇게 되면 양력은 왼쪽 핀에서는 날개를 위로 띄우는 방향으로 작용하고, 오른쪽 핀에서는 날개를 아래로 가라앉히는 방향으로 작용하여 배 전체를 다시 오른쪽으로 돌리는 모멘트를 발생시킨다.

3장

상상은 곧 현실이다!

과학이 발달한 오늘날 우리의 상상력은 쥘 베른보다 더 나아갔을까? 배를 떠올리면 머릿속에서 어떤 그림이 그려지는가? 여전히 사람들은 산들바람에 돛을 달고 있는 조그마한 돛단배를 떠올릴 것이다.

유원지의 조그마한 놀잇배부터 거대한 유조선에 이르기까지 배의 종류는 무수히 많지만, 여기서는 조금은 우리에게 생소한 배들을 소개하고자 한다. 여기에 등장하는 배들은 하늘 위로 날아다니기도 하고, 물속에서 움직이기도 한다.

꿈을 아는가

세계 최초의 원자력 잠수함인 노틸러스(Nautilus)호는 쥘 베른(Jules Verne, 1828~1905년)의 공상과학소설 『해저 2만 리(Vingt mille lieues sous les mers)』에 나오는 상상 속의 잠수함에서 그 이름을 따왔다.

사실 잠수함이라고는 했지만 쥘 베른이 『해저 2만 리』를 쓴 시대는 잠수함이 발명되기 전이었다. 그뿐만이 아니다. 쥘 베른은 그의 책에서 당시에는 상상하기조차 어려운 전기의 유용성, 잠수함의 압력 선체, 승강타 등 구체적인 기술에 대해서도 상세하게 묘사하고 있다. 동시대인이 모두 물 위를 떠다니는 배를 만들 때 쥘 베른은 시대를 앞서가는 상상력으로 미래를 예견한 것이다.

과학이 발달한 오늘날 우리의 상상력은 쥘 베른보다 더 나아갔을까? 배를 떠올리면 머릿속에서 어떤 그림이 그려지는가? 여전히 사람들은 삼각형 돛을 달고 있는 조그마한 돛단배를 떠올릴 것이다. 물론 알록달록한 돛을 달고 바다 위를 유유히 떠다니는 조각배가 낭만적이기는 하지만, 세상에는 우리가 흰 도화지에 크레파스로 그렸던 모양 같은 배만 존재하는 것이 아니다. 이번에는 배에 대한 고정관념을 깨뜨려보자.

유원지의 조그마한 놀잇배부터 거대한 유조선에 이르기까지 배의 종

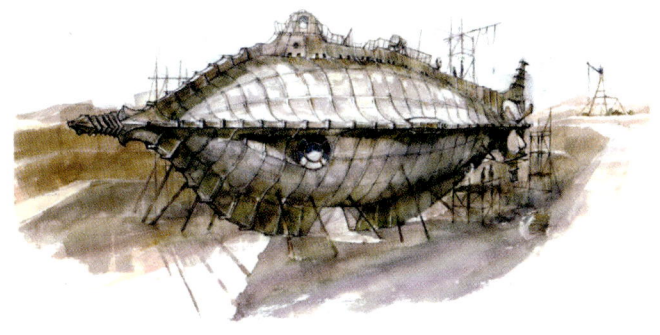

쥘 베른의 소설 『해저 2만 리』에 나오는 노틸러스호(데이브 워런[Dave Warren] 그림).

류는 무수히 많지만, 여기서는 조금은 우리에게 생소한 배들을 소개하고자 한다. 여기에 등장하는 배들은 하늘 위로 날아다니기도 하고, 물속에서 움직이기도 한다. 물론 여기에도 이제까지 살펴보았던 유체역학과 조선공학이 들어있다. 이번에는 여러분들이 용도와 성능에 따라 다양하게 만들어진 여러 종류의 배들을 보고 나서 혹시 머릿속에 자신만의 멋진 배를 그릴 수 있으면 좋겠다. 이 책을 다 읽고 나서 도화지 위에 자신만의 멋진 배를 설계해보자. 혹시 아는가, 여러분들이 나중에 쥘 베른이 되고 네모 선장이 될지······.

꿈을 실은 배

소설 『삼국지』를 읽다 보면 유명한 전투인 적벽대전이 나오는데, 그 부분에 '연환계'라는 계책이 나온다. 연환계는 수상전에 익숙지 않아 풍랑에 흔들리는 배에 적응하지 못하는 조조 군사들을 위해 전투선들을 모두 쇠고리로 묶는 방법이었다. 바람을 움직이는 신출귀몰한 제갈공명과 불화살 공격에 의해 조조는 완전히 깨지고 말지만, 여하튼 간에 주유가 방통을 조조에게 보내 연환계를 쓰도록 부추길 수 있었던 것은 배를 서로 묶으면 흔들리지 않고 안정적이라는 사실만은 분명했기 때문이다.

배의 복원 성능에 대해서 이미 살펴보았듯이 배는 폭이 넓을수록 흔들림이 작아진다. 그런데 배를 묶으면 폭이 증가하는 효과가 생겨 배가 흔들리지 않고 안정될 수 있는 것이다. 이렇게 배를 합쳐서 안정성을 높인 배들이 오늘날 바다를 누비고 있다.

붙으면 산다 : 쌍동선, 삼동선

쌍동선 혹은 캐터머랜(Catamaran)은 배 두 개를 붙여서 갑판을 연결한 형태의 배이다. 캐터머랜이란 원래 뉴질랜드 지방의 원주민이 타고 다니던 배로, 배 두 개를 막대로 연결하여 물고기를 잡거나 화물을 나르는 데 쓰였다. 그리고 이 뉴질랜드 원주민의 캐터머랜에서 힌트를 얻어 제작된 쌍동선 혹은 캐터머랜은 특히 안정성이 요구되는 고속 여객선 등에 널리 쓰이고 있다.

넓은 의미로 쌍동선에 포함되지만 SWATH라고 불리는 선박도 있다. SWATH와 캐터머랜의 차이점은 SWATH라는 이름을 풀어쓰면 금방 눈에 들어온다. SWATH는 'Small Waterplane Area Twin Hull Ship'의 약자이다. 즉 이 단어들은 '수선면적이(Waterplane Area) 작은(Small) 두 개의(Twin) 선체를(Hull) 가진 배(Ship)' 정도로 번역할 수 있다. SWATH는 두

쌍동선은 뉴질랜드 원주민들이 만들어 타고 다니던 캐터머랜(왼쪽)을 응용하여 만든 것인데, 보통 배 두 개를 연결한 듯한 형태를 하고 있다. 사진은 호주의 오스탈(Austal)사에서 건조한 캐터머랜형 여객선이다.

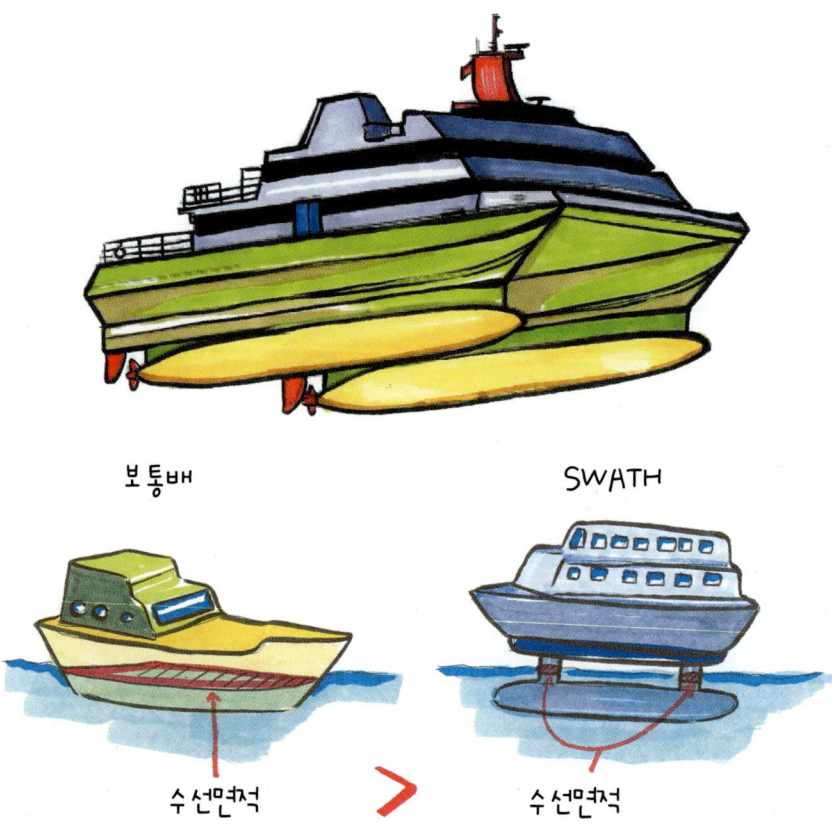

SWATH는 수선면적을 최소화함으로써 조파저항을 줄인 배이다.

개의 선체로 이루어졌다는 점에서는 캐터머랜과 다를 바가 없지만, 수선면적이 작다는 점에서는 차이가 있다. SWATH는 물에 닿는 부분을 가늘게 만들어 그 면적을 최소화하고, 대신에 물속에 잠수함 같은 형태를 달아 여기서 부력을 만들어 배가 뜨도록 한다. 이렇게 물에 닿는 부분의 면적인 수선면적을 최소화하면 수면에 생기는 조파저항을 줄일 수 있다는 장점이 있다. 배가 바다를 가르고 나아가면서 만드는 저항인 조파저항도 배가 수면과 닿는 면적이 줄어들면 배가 움직이면서 만드는 파도도 작아

삼동선은 가운데에 있는 주선체 양옆으로 보조선체를 달고 있는 모습을 하고 있다. 영국의 삼동선형 실험함인 트라이톤(왼쪽)과 호주의 오스탈사에서 제작한 삼동선형 여객선.

지고, 따라서 저항이 줄어들게 된다.

쌍동선에서 한 걸음 더 나아가 요새는 삼동선(Trimaran)에 대한 연구가 한창이다. 삼동선은 선체가 3개로 구성되어있다. 중심 선체 이외에도 양쪽에 작은 보조선체가 붙어있고, 그 위의 갑판은 쌍동선처럼 연결되어 있다. 연구에 의하면 선체가 하나인 단동선보다 동력이 감소되어 연료 경제성이 좋고, 초고속 항해시에 내항 성능이나 안정 성능이 좋다고 한다. 삼동선은 특히 군함으로 활용하는 연구가 진행 중이고, 실제로 영국에서는 트라이톤(Triton)이라는 실험함을 건조해서 자료를 축적하고 있다.

군용 삼동선은 앞에서 말한 일반적인 장점 이외에도 넓은 비행갑판(활주로로 쓰는 항공모함의 갑판)을 확보할 수 있고, 스텔스 기능 등의 관점에서도 유리하다고 알려져 있다.

한국해양연구원 선박연구소에서 설계한 삼동선형 구축함의 조감도.

쇄빙선 한 척만 있었더라도…

우리와 멀게만 느껴졌던 남극에서 2003년 12월에 비극적인 소식이 들려왔다. 남극세종과학기지 17차 월동 대원으로 참가했던 전재규 대원이 조난당한 동료를 구하기 위해 나섰다가 갑자기 몰아친 파도에 휩쓸려 사망한 것이다. 그의 나이 겨우 스물일곱, 유난히 별을 사랑했다는 전재규 대원은 하늘의 별이 되었다. 학문에 대한 꿈을 제대로 펴보지도 못하고 뜨거운 열정을 차가운 남극 바다에 남기고 만 전재규 대원의 죽음은 많은 사람들을 안타깝게 만들었다. 더욱이 그가 쇄빙선이 없어서 고무보트를 타고 동료를 구하기 위해 차가운 바다로 가야만 했기 때문에 더욱 슬퍼했다. 그나마 다행스러운 것은 마침내 우리나라에서도 '아라온'호라는 쇄빙선을 건조하고 있다는 점이다. '아라'는 '바다', '온'은 '모두'를 의미하는 순우리말이다. 1m 두께의 얼음을 깨면서 3~4노트의 속도로 항해할 수 있는 아라온호는 2009년에 진수식을 갖고 2010년부터 본격적으로 남북극 탐사 및 연구 활동에 투입되었다. 남극기지에 대한 보급 임무와 함께 남극의 해양, 생물자원, 기후변화에 대한 연구 등에 활용되고 있다.

쇄빙선은 남극같이 얼음으로 덮인 바다를 독자적으로 항해할 수 있는 배를 말한다. 다른 배들이 운항할 수 있도록 얼음을 깨서 수로를 만들어주는 유도 쇄

2003년 12월, 스물일곱의 나이로 남극에서 타계한 故 전재규 대원. 우리나라에 쇄빙선이 있었더라면 이 비극을 막을 수 있었을까.

빙선과, 개별적인 활동을 하는 단독 쇄빙선이 있다. 오늘날 대부분의 배들은 배의 길이가 폭의 7~9배쯤 되는 것이 통례인데, 쇄빙선은 폭이 넓어 길이와 폭의 비율이 약 4대 1이다. 그 까닭은 쇄빙선이 얼음을 깨서 만드는 수로가 뒤에서 오는 배들의 폭보다 넓어야 하기 때문이다.

쇄빙선은 앞부분이 날카롭게 되어있어서 앞으로 전진하면서 직접 부딪쳐 그 충격으로 얼음을 깨뜨린다. 하지만 2~3m 이상의 두꺼운 얼음은 이런 방법으로 깨뜨릴 수 없다. 두꺼운 얼음을 만나면 쇄빙선은 100m 넘게 후퇴한 다음 전속력으로 얼음에 돌진하여 그 위로 타고 올라가 배의 무게로 얼음을 깨뜨린다. 마치 말뚝박기 놀이에서 밑에 있는 사람들을 무게로 무너뜨리듯이 쇄빙선은 배의 무게로 얼음을 깨는 것이다. 그래서 쇄빙선은 뱃머리를 아주 두꺼운 강철판으로 대단히 무겁게 만들고 무게 분포도 앞쪽으로 치중되도록 설계한다. 이렇게 하면 두께가 5m 가까이 되는 얼음도 깨뜨릴 수 있다.

하지만 빙산 같은 거대한 얼음조각을 만나면(게다가 타고 올라갈 수도 없다.) 피해서 돌아 가는 것이 상책이고, 도저히 못 피할 경우에는 대포를 쏘아 파괴하거나 직접 보트를 타고 빙산에 가서 다이너마이트를 설치해 폭파시켜 해체하기도 한다.

쇄빙선이 빙하를 깨는 방법은 두 가지이다. 하나는 배의 무게로 위에서 눌러 깨는 것(왼쪽), 또 하나는 빙하에 직접 부딪쳐 그 충격으로 깨는 것이다.

보이지 않는 배 : 스텔스선

1991년에 발발한 걸프전은 다시는 일어나서는 안 되는, 전 세계 모든 사람들에게 불행한 사건이었음이 분명하지만, 당시 시시각각 방송되었던 텔레비전 화면에 눈길을 끄는 장면이 있었다. 미군의 최첨단 무기들, 그것은 놀라움 그 자체였다. 그리고 그중에서도 'F-117 나이트호크(Night Hawk)'라 불리는 최첨단 폭격기는 공상과학영화에서나 나올 법한 외형 때문에 화려한 스포트라이트를 받았다. 폭격기가 갖춘 이러한 외형은 단지 CNN 24시간 뉴스의 주목을 받기 위한 것이 아니라 살아남기 위한 몸부림으로, 이른바 '안 보이는 폭격기'를 실현한 모습이었다. 이 나이트호크 폭격기의 보이지 않는 기능을 스텔스(stealth) 기능이라 한다.

사실 적에게 보이지 않기 위한 스텔스 기능이 걸프전 때 갑자기 나타난 새로운 개념인 것은 아니다. 좁은 의미의 스텔스 기능은 레이더망에 포착되지 않는 은폐 기능을 말하지만, 넓은 의미로는 레이더뿐만 아니라

F-117 나이트호크.
걸프전에서 활약했던 스텔스 폭격기이다.

조용히 접근해서 어뢰를 발사하는 잠수함의 공격은 치명적이다.

말 그대로 적에게 들키지 않기 위한 모든 종류의 은폐 기능을 말한다. 이런 면에서 보면, 군인들이 수풀이 많은 지역에서는 녹색 얼룩무늬 전투복을 입는 것이나, 이라크 파병 부대가 사막지대의 전장에서 눈에 띄지 않기 위해 황토색 군복을 입는 것, 그리고 스키부대가 하얀 옷을 입는 것도 모두 스텔스 기능을 높이기 위한 것이다. 또한 적에게 탐지되지 않고 수중에서 미사일을 쏘아 적함을 침몰시키는 잠수함의 은밀성은 스텔스 기능의 결정판 그 자체라고 말할 수 있다.

걸프전 덕분에 F-117 나이트호크가 스텔스 기능의 대명사가 되었지만, 현대전에서는 함정에도 스텔스 기능이 강하게 요구된다.

중세시대 전투에서는 기껏해야 마스트 위에 올라가서 쌍안경으로 적함을 파악하는 것이 유일한 탐지 방법이었지만, 2차 세계대전을 통해 레이더라는 놀라운 탐지 장비가 실용화되면서 인간의 눈이 볼 수 있는 거리의 한계를 벗어나 적함을 탐지할 수 있게 되었다. 이 레이더는 전파를 발사시킨 후 반사되는 파를 분석함으로써 적함이 존재하는지 여부를 살피고, 만약 적함이 있다면 크기는 어느 정도인지 파악하는 것이 기본 원리이다. 따라서 같은 크기라 해도 전파를 산란시키거나 흡수시킴으로써 반사파가 적어지도록 하면 자신의 형태를 들키지 않거나 혹은 크기를 속일 수 있다. 예를 들어, 전파가 반사면에 직각으로 부딪쳤을 때 반사파가 가장 강하고, 원추형 부표와 같은 물체에 부딪치면 전파는 대부분이 위쪽 방향으로 반사되어 레이더를 발사한 배로 돌아가지 않는다. 이렇게 형태를 바꿈으로써 실질적인 반사 면적(RCS)를 줄일 수 있다. F-117 나이트호크가 UFO와 같은 형태를 띠게 된 이유도 경사 각도를 조절함으로써 전

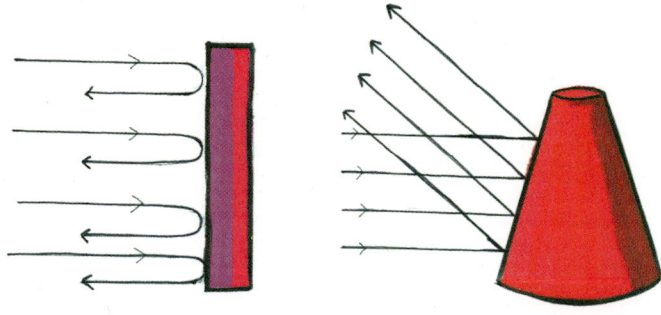

전파는 반사면에 직각으로 부딪칠 때 반사파가 가장 강하고, 원추형 물체에 부딪칠 때는 대부분 위쪽으로 반사된다.

자파를 산란시켜 반사파를 줄이기 위함이다.

이러한 원리를 이용하여 함정에서도 스텔스 효과를 위해 형상 변화를 주고 있다. 예를 들어, 단순히 선체에 3도 정도의 경사각을 주는 것만으로도 레이더 파의 반사량을 거의 절반 정도로 감소시킬 수 있고, 선체 표면을 매끈하게 만들어도 반사파를 줄일 수 있다. 그래서 스텔스 기능을 강화한 배는 밖으로 나온 창문들을 없애기도 하고, 트러스(truss) 구조물로 된 마스트를 일체형으로 만들거나, 함포 돔의 디자인도 보다 매끄럽게 만들며, 무기 체계들을 격납고 안에 설치하여 외부로 드러나는 요철이 없는 매끄러운 형상으로 만들어주었다. 또한 반사가 심한 부분은 램(RAM ; Rada Absorbing Material)이라고 통칭되는 레이더 흡수 재료를 써서 보충하기도 한다.

가끔 영화 속 장면에는 어두운 곳에서 이상한 안경을 쓰고 열 감지로 상대방을 찾아내는 장면이 나오는데, 실제 전쟁에 쓰이는 무기들도 레이더뿐만 아니라 적외선 감지기를 이용하기 때문에 배가 보이지 않게 하려

스텔스 기능이 강화된 비스뷔클래스(왼쪽)와 미국의 시섀도.
비스뷔클래스(Visby Class)는 상부 구조물이 경사져 있고, 무기들은 격납고 안에 보관되어있다. 스텔스 성능을 강조한 시섀도(Sea Shadow)는 잘 살펴보면 F-117 나이트호크와 비슷하지 않은가?

면 열적외선을 줄여야 한다. 배에서는 연통 따위를 통해서 직접적으로 열적외선이 나오기도 하고, 내부의 각종 열기관들에서 발생하는 열이 선체를 통해 간접적으로 방출되기도 한다. 현재는 이러한 고온의 배기가스 온도를 낮추기 위해서 외부에서 끌어들인 차가운 공기와 배기가스를 혼합시켜 미리 온도를 낮추어 배출시키거나, 디젤 잠수함처럼 배기가스를 수중으로 방사하는 방법을 쓰고 있다. 그리고 함정 내부의 열기관에서 발생되는 열을 차단시키기 위해서 통풍을 강화하고 단열재를 써서 열의 이동을 막는 방법이 상용되지만, 오히려 이러한 소극적인 방법을 버리고 적극적으로 바닷물을 끌어와서 냉각시키는 방법도 사용되고 있다.

마지막으로, 진정한 '보이지 않는 배'를 만들기 위해서는 '소리 없는 배'를 만들어야 한다. 배에서 방사(복사)되는 음향 신호는 주로 프로펠러와 이를 회전시키는 구동 시스템에 의해서 발생한다. 이러한 소음은 사람의 지문과 같은 특성이 있어서 전문가들은 소리만 듣고도 배의 종류를 파

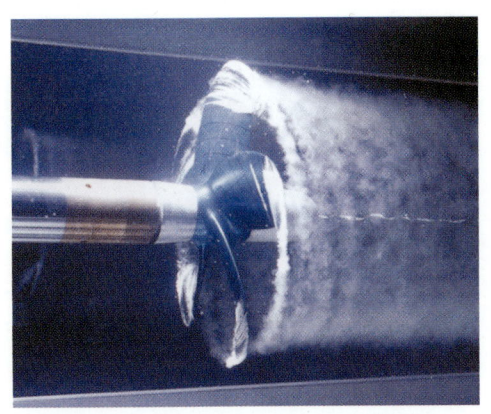

프로펠러에서 발생하는 공기 방울이 소음의 주원인이다.

악할 수 있다. 그래서 프로펠러에서 나오는 소음을 줄이기 위해 프로펠러에 날개를 많이 달기도 하고(날개 수가 증가할수록 소음이 감소하는 경향이 있다.), 프로펠러 날개나 배에서 공기 방울을 방출시켜 일종의 음향 장벽을 만드는 마스커 시스템*(Masker System)을 사용하기도 한다.

매릴린 먼로처럼 : 호버크라프트

배에 치마를 입히면 어떤 일이 벌어질까? 날씬하고 예쁜 여자만 치마를 입으라는 법이 있는가? 조금은 통통하고 부담스러운 그녀(she)이지만, 배에도 치마를 입혀보자.

우리가 치마를 입힌 배는 호버크라프트(Hovercraft) 양이다. 이 이름이 낯설지도 모르지만, 사실 영화 같은 매체에 가끔 등장했기 때문에 그 생김새는 낯설지 않을 것이다. 1953년경에 영국인 크리스토퍼 코커럴(Christopher Cockerell, 1910~1999년) 경이 제안한 호버크라프트가 갖는 가장 큰 특징은 배가 물 위로 떠다닌다는 점이다.

그렇다면 배를 물 위로 띄우면 어떤 장점이 있

■ 마스커 시스템(Masker System) 배에 미세한 구멍을 설치하고 여기서 공기 방울을 내보내 배의 소음이 수중으로 전파되지 않도록 일종의 거품 장벽을 쌓는 장치.

호버크라프트는 배를 물 위로 띄워서 마찰저항을 줄일 수 있다.

을까? 자, 앞에서 소개했던 배의 저항을 생각해보자. 배의 저항은 크게 마찰저항과 조파저항으로 나눌 수 있고, 이 중에서 지배적인 것은 마찰저항이다. 아주 상식적인 이야기이지만, 마찰저항은 물속에서보다 공기 중에서 훨씬 작다. 그렇기 때문에 배를 물 위로 띄우면 물에 의한 마찰저항을 없애고 보다 빠른 속도를 얻을 수 있다.

아주 오래된 영화 중에 매릴린 먼로가 주연한 「7년 만의 외출」(빌리 와일더 감독, 1955년)이라는 영화가 있다. 이 영화에서 성적 매력의 상징인 매릴린 먼로의 치마가 지하철 환풍구 바람에 날리는 장면은 오늘날까지도 영화사에서 명장면으로 꼽히고 있다. 호버크라프트를 매릴린 먼로와 비교하는 것이 지나친 감이 있을지 모르지만 기본 원리는 똑같다. 즉 스커트(치마)를 이용해서 에어쿠션*(Air Cushion)

> **에어쿠션**(Air Cushion)
> 호버크라프트 같은 배가 지면이나 수면을 향해 높은 압력을 뿜을 때 그 지면이나 수면 사이에 탄력 있는 쿠션처럼 생기는 공간을 말한다.

매릴린 먼로는 환풍구 바람에 치마를 날리고, 호버크라프트는 팬이 내뿜는 바람에 의해 물 위에 뜬다.

을 만드는 것이다. 그래서 유럽에서도 호버크라프트를 ACV(Air Cushion Vehicle ; 공기부양선)로 부르기도 한다. 그림을 보면 배 밑에 커다란 고무 튜브 같은 것이 눈에 띌 것이다. 튜브 아래 공간은 스커트처럼 배를 감싸고 있어 이 안에 에어쿠션을 만들어놓는 것이다.

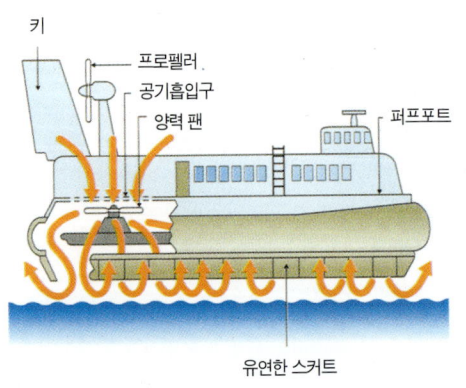

호버크라프트는 팬에서 강한 공기를 내뿜어 스커트 안 빈 공간에 넣어준다.

호버크라프트에는 압력이 높은 팬(Fan)이 설치되어있어 스커트 안으로 바람이 직접 들어온다. 지하철 환풍구의 강한 바람도 기껏해야 먼로의 치맛자락을 살짝 흔드는 정도인데, 하물며 우리에게 너무 무거운 그녀(배)를 물 위로 완전히 들어올리려면 팬에서 내뿜는 바람이 엄청나게 세야 할 것이다. 따라서 호버크라프트는 고속을 내기에는 유리하

바다에서 육지로 바로 상륙하는 미국 해군의 군사용 호버크라프트.

지만, 팬이 낼 수 있는 힘에 한계가 있으므로 배의 크기에도 한계가 있을 수밖에 없다.

그럼에도 불구하고 호버크라프트가 연구 제작되는 가장 큰 이유 중의 하나는 호버크라프트는 수륙양용이 가능하다는 점이다. 에어쿠션은 물 위에서뿐 아니라 땅 위에서도 충분히 만들 수 있기 때문에 물 위에서 운항되던 호버크라프트는 바로 땅 위로 올라가서도 이동할 수 있다. 그렇기 때문에 호버크라프트는 레저용뿐만 아니라 군사용, 특히 상륙용 주정으로 세계 각국의 해군과 해병대에서 활용되고 있다. 저 멀리 바다에서 돌진해와서 그대로 땅 위로 올라와 적들을 공격할 수 있는 배가 '007 시리즈' 영화에만 나오는 상상물만은 아닌 것이다.

배는 여자다?

2차 세계대전 때 태평양 함대 최고 사령관으로 영웅이 되었던 미국 해군 니미츠(Chester Nimitz, 1885~1966년) 제독은 해군 후원회의 어느 석상에서 다음과 같은 재치있는 비유로 함께한 사람들을 즐겁게 한 바 있다.

"함정이 여성에 비유되는 이유는 둘 다 화장(paint : 페인트)하고 분(powder : 화약)을 바르는 데 돈을 써서 예쁘게 치장하지 않으면 안 된다는 공통점이 있기 때문입니다."

이 말은 전투 능력을 최대로 만들기 위해서는 여성이 화장을 꼼꼼히 하듯이 항상 배를 깨끗하게 관리하고 정비를 철저히 해야 한다는 점을 강조한 것이지만, 실제로 오랜 세월 동안 영어에서 배는 여성에 비유되어왔다.

지금은 구분이 거의 없어졌지만, 서구어 문법에서 흔히 그렇듯이 영어도 사물에 남성 혹은 여성으로 인식되는 단어들을 구분한다. 즉 어떤 단어들은 자신을 받는 대명사로 He(남성대명사)를 쓰고, 어떤 단어들은 She(여성대명사)를 사용한다. 예를 들어 태양(sun), 전투(battle), 공포(fear), 겨울(winter) 등은 남성(He)이고, 달(moon), 평화(peace), 예술(art), 배(Ship) 등은 여성(She)이다.

배가 여성명사로 된 이유는 확실히는 알 수 없지만, 아마도 배를 타는 선원 대부분이 남성이기 때문일 것이다. 아니면 니미츠 제독이 말한 대로 남자(선원)들이 배를 자기 애인 다루듯이 항상 깊은 관심을 가지고 정성, 시

2차 세계대전 당시 미국 해군 원수로서 태평양전쟁에서 대일 작전을 지휘했던 니미츠 제독.

간, 돈을 들여서 화장(청소, 보수, 정비)시켜야 하기 때문인지도 모른다.
여하튼 실제로 그동안 배는 남성의 전유물이었고, 심지어 여성이 배에 올라타면 같은 여성인 배가 질투해서 재수가 없다는 터무니없는 금기가 오랫동안 전해오기도 했다. 우리나라에서는 전통적으로 배에 여자가 오르는 것을 매우 금기시하여 물고기를 잡으러 나가기 전에 어부가 여자와 동침하는 것을 금하기도 하였으며, 출항하는 배 근처에 여성이 다가오는 것조차 막았다. 서양에서도 배에 여자를 태우지 않는 관습이 전해져왔는데, 그들은 배에 여자를 태우면 폭풍우가 일어나 배가 손상되거나 침몰했다고 믿었다.

하지만 세상은 바뀌었다. 여성의 사회 진출이 활발해지면서 배와 여성의 관계도 변화하고 있다. 대한민국 해군에서는 2001년부터 여성 장교를 뽑기 시작하면서 우리나라 함정에도 여성이 타기 시작하였고, 세계에서 가장 오래된 해운 일간지인 <로이드리스트(Lloyd's List)>는 2002년부터 선박을 지칭할 때 여성대명사인 She 대신에 3인칭 중성대명사인 It을 사용한다고 공식적으로 선언하기도 했다.

함상 실습 중인 여성 해군 장교와 해군 부사관.
이제 더 이상 배는 남성의 전유물이 아니다.

날개로 나는 배 : 수중익선, 활주정

비행기의 전유물로만 여겨지던 날개. 그러나 이제 배도 날개를 달기 시작했다. 물론 흔들림 방지를 위한 핀 안정기나 잠수함의 수평타도 일종의 날개라고 볼 수 있지만, 수중익선(hydrofoil ship)은 단순히 자세 제어를 위해서가 아니라 배를 띄우기 위해서 날개를 직접 이용한다. 일반적인 배라면 아르키메데스의 원리로 부력에 의해 물 위에 뜬다. 그러나 배가 부력으로 떠있다는 말은 동시에 배의 중력만큼의 부피에 해당하는 부분이 항상 물에 잠겨있다는 뜻이기도 하다. 이렇게 물에 잠긴 부분의 부피가 증가하면 배의 침수 표면적(물에 닿아있는 면적)이 증가하여 마찰저항이 커질 수밖에 없다.

   수중익선도 저속으로 달릴 때나 정지해있을 때는 부력으로 물에 떠있지만, 고속으로 항주할 때는 배 바닥에 설치된 날개의 양력만으로 배가 물 위에 뜬다. 이러한 수중익선의 장점은, 선체가 완전히 물 밖에 있고 날개만 물속에 잠겨있기 때문에 배가 받는 마찰저항이 크게 줄어 고속항주

배가 물에 잠긴 부분의 부피가 커질수록 침수 표면적도 커져 마찰저항이 커진다.

가 가능하다는 데 있다.

그러나 굳이 날개를 달지 않고도 양력을 이용해서 배를 물 밖으로 띄울 수도 있다. 활주정은 날개를 배 바닥에 추가로 다는 대신 배 바닥을 유체동역학적으로 설계해서

배 바닥에 날개를 달아 양력으로 물 위에 뜨면 마찰저항이 줄어들어 달리는 속도를 높일 수 있다.

고속항주시에 바닥이 날개 역할을 하도록 만든 배이다. 조그맣고 빠른 경주정 등을 살펴보면, 배가 속도를 낼 때 앞부분부터 선체가 점점 뜨는 것을 볼 수 있다. 이러한 활주정은 처음에는 부력만으로 뜨지만 속도가 올라가면 배 바닥이 날개 역할을 함으로써 양력이 발생하고, 이로 인해 배가 물 위로 더 많이 떠오르면 물에 닿아 생기는 저항이 줄어든다.

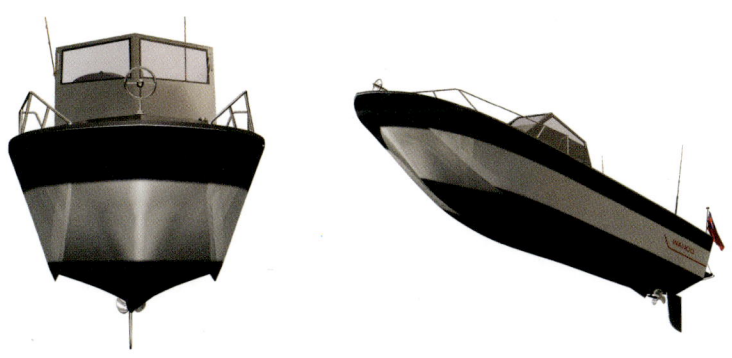

활주정의 바닥은 유체동역학적인 모양을 하고 있어, 속도를 냈을 때 그 자체가 날개 역할을 한다.

카스피 해의 괴물 : 위그선

1976년, 구소련 지역에서 첩보 활동을 하던 미국 위성 첩보 사진에 정체 모를 물체가 하나 잡혔다. 그 물체는 소련의 카스피 해 위를 아주 낮게 떠서 시속 550km의 빠른 속도로 지나가고 있었다. 당시는 전 세계가 동서로 갈라져 군비 경쟁이 한창이던 냉전 시대로, 미국과 소련은 서로 일거수일투족에 민감해하고 있었다. 이런 시기에 정체 모를 물체가 출현했으니 미국에 일어났을 파란은 짐작하고도 남음직하다. 그 당시 과학 기술로는 아무리 생각해도 배가 그런 속력을 낸다는 것은 상상조차 할 수 없었고, 그렇다고 비행기라 보기에는 너무 낮은 저공비행이었기 때문이다. 그야말로 정체를 알 수 없었던 것이다. 미국은 이 괴물체를 '카스피 해의 괴물'이라 불렀다. 그 후에 소련이 붕괴되면서 그 괴물은 정체를 드러냈는데, 그것이 바로 위그선(WIG ; Wing-In-Ground)이다.

위그선은 간단히 말하면 하늘을 날아다니는 배이다. 수중익선처럼 물속에 배 일부분이 잠긴 상태로 살짝 떠오르거나 호버크라프트처럼 물 위

구소련의 위그선. 위그선은 물 위를 날아다니는 듯 보여, 1976년 처음 출현했을 당시 미국을 적잖이 당황시켰다.

에 접해서 움직이는 것이 아니고 완전히 물에서 떨어져 날아다니는 배다. 배보다는 비행기에 가까운 듯한 형상에서도 알 수 있듯이, 위그선은 초고속 선박 설계 기술과 항공 기술이 결합된 최첨단 수송 장치이다. 괴물이라는 별

명답게 위그선의 소속(?)부터가 혼란스럽기만 하다. 도대체 생김새를 봐도 그렇고, 하늘을 날아다니는 행동거지를 봐도 그렇다. 오히려 비행기라고 불러야 마음이 편할 것도 같지만, 그렇다고 비행기처럼 하늘 높이 날지는 못하고 배처럼 바다 위나 호수 위에서만 움직이니 비행기라고 말하기도 찜찜하다.

사실 이런 혼란은 우리만 겪은 것이 아니다. 위그선이 처음 나왔을 때부터 이것을 비행기로 분류하느냐 배로 분류하느냐를 두고 학계와 산업계에서 논란이 많았다. 그러다가 1990년대 후반에 들어서야 국제해사기구(IMO)가 고도 150m 이하로 움직이는 운송체를 배로 분류함으로써 이 논란은 종지부를 찍게 되었다.

그렇다면 위그선은 왜 비행기처럼 하늘 높이 날지 않고 수면 위에 살짝 떠서 움직이는 것일까? 그 이유는 위그선이 날기 위해서는 **지면 효과**(Ground Effect)를 이용해야 하기 때문이다. 지면 효과를 직접 느낄 수 있는 가장 손쉽고도 간단한 실험은 바로 종이비행기 날리기이다. 지금 옆에 있는 종이를 접어서 나름대로 아름다운 종이비행기를 만들어 날려보자. 얼마나 멀리 가는지, 얼마나 멋진 곡선을 그리며 나는지만 신경 쓰지 말고 고도 변화를 가만히 살펴보자. 특히 종이비행기가 착륙하기 전의 거동을 주의 깊게 보면, 떨어지기 시작하는 종이비행기가 한 번에 뚝 땅에 떨어지는 것이 아니라 바닥에 살짝 닿을 듯하면서도 완만한 궤도를 그리며 떨어진다는 것을 알 수 있다. 이런 현상은 종이비행기뿐만 아니라 실제 비행기에서도 관찰할 수 있는 현상이다. 이러한 현상이 생기는 이유는 비행기와 지면 사이의 공간이 좁아지면, 그 사이에 가두어진 공기가 일종의 에어쿠션을 만들면서 비행기를 위로 띄워주는 힘이 작용하기 때문이다. 이것이 곧 지면 효과라고 불리는 현상이다. 지면 효과는 2차 세계대전 중에 파일럿들이 적과 접전하고 돌아가는 길에 엔진이 고장 났을 때 바다 위로 몇 미터쯤 떠서 날면 비행기에 에너지 소모가 적어져 무사히 귀환할 수 있다는 사실을 경험하면서 처음 알게 되었다.

이 일화를 통해서도 알 수 있듯이, 위그선은 비행기에 비해 보다 적은 연료로 높은 효율을 얻을 수 있다. 그러면서도 속도는 배보다 월등히 빠르다. 이러한 위그선의 장점을 조합하여 연구를 계속하면, 비행기보다 적은 연료를 쓰면서도 도저히 배가 낼 수 없는 빠른 속도로 대용량의 화물을 운송할 수 있는 차세대 운송 수단을 개발할 수 있을 것이다.

현재 위그선을 상용화하는 데 가장 큰 문제점은 높은 파도에서도 위그선의 자세를 유지하여 안정성을 확보할 수 있는가이다. 위그선은 수면에서 살짝 뜬 채로 움직이기 때문에, 수면이 잔잔하다면 아무 문제 없겠지만 높은 파도가 치기라도 하면 직접 파도에 부딪쳐 안정성에 심각한 위협을 받는다. 하지만 위그선이 비행기나 배에 비해 상대적으로 지니는 장점 때문에 많은 과학자와 공학자들이 위그선의 실용화를 위해 꾸준히 연구하고 있다. 우리나라에서도 2002년에 한국해양연구

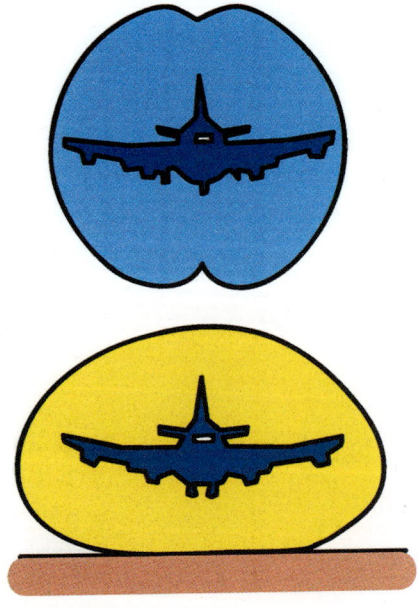

비행기와 지면 사이의 공간이 좁아지면서 그 사이의 공기가 쿠션 역할을 하기 때문에 지면 효과가 일어난다.

국내에서 개발된 4인승 위그선.
2002년 한국해양연구원과 벤처기업 인피니티기술이 공동으로 연구하여 개발했다.

원과 벤처기업 인피니티기술의 공동 연구로 시속 120km의 4인승 위그선 개발에 성공하여, 인천 월곶 앞바다에서 성공적으로 시험 운전을 마쳤다. 이는 배로 4시간이 걸리는 인천과 연평도 사이의 항로를 40분 만에 이동할 수 있게 하는 속도이다. 그리고 해양수산부는 2010년까지 대형 위그선 50척을 건조할 방침을 발표함으로써 우리나라에도 위그선이 곧 상용화될 계획이다.

퓨전으로 승부한다 : 복합 지지형 선박

지금까지 언급했던 배들은 이미 실용화되어 활용 중이거나, 가까운 시일 안에 실용화를 목표로 한창 연구가 진행 중에 있는 배들이다. 그러나 미래에 실용화될 차세대 선박은 이들의 장점을 적절히 조합한 복합적인 배가 될 것이다. 이들 선박에 대한 연구는 아직 개념을 잡는 수준이지만, 그

수중익선과 SWATH가 복합된 형태인 단동선형 HYSWAS(왼쪽)와 삼동선형 HYSWAS.

수중익선과 호버크라프트가 결합된 HYACS(왼쪽)와, SWATH와 호버크라프트가 조합된 형태인 SWAACS.

특징과 개념도는 다음과 같다.

HYSWAS(Hydrofoil Small Waterplane Area Ship)는 일반 배의 형태에 잠수체를 달고 그 연결부는 SWATH처럼 가늘게 만들어서 조파저항을 줄인 배이다. 또한 물속에 있는 잠수체에 수중익을 달아서 날개에서 양력을 발생시켜 잠수체의 부력과 날개의 양력으로 배를 띄우도록 설계되어 있다. 즉 수중익선과 SWATH가 복합된 형태의 배이다. 또한 단동선형이 아닌 쌍동선이나 삼동선에 잠수체와 수중익을 달아서 단동선형의 HYSWAS보다 안정성을 높인 복합 형태의 선박도 연구되고 있다.

HYACS(Hydrofoil Air Cushion Ship)는 공기부양선의 몸체에 수중익을 연결한 배로, 공기 부양의 압력과 날개의 양력으로 배를 띄우도록 설계되어있다. 즉 수중익선과 호버크라프트의 조합이다.

SWAACS(Small Waterplane Area Air Cushion Ship)는 공기부양선에 잠수체를 결합한 배이다. HYACS와 마찬가지로 공기 부양에 의한 압력과 날개에 의한 양력 이외에 잠수체의 부력을 이용해서 배를 띄우도록 설계되어있다. 이 배는 SWATH와 호버크라프트의 조합이다.

인력선 축제

로봇축구대회, 물로켓 발사대회……. 요즘에는 일반인들의 관심을 끌고 학생들에게 과학적인 사고도 키워주는 대회나 행사가 많이 개최되고 있는데, 배와 관련해서도 이런 재미있는 행사가 없을까? 그래서 이번에는 매년 여름 대전 갑천에서 열리는 인력선 축제와 여러 대학의 동아리들을 소개하고자 한다.

인력선(Human Powered Vessel)은 말 그대로 사람의 힘으로 움직이는 배를 말한다. 유원지에 놀러 간 적이 있다면 발로 페달을 밟아 앞으로 나아가게 하는 오리배를 타보았을 것이다. 이것이 가장 쉽게 접할 수 있는 인력선일 것이다. 물론 인력선 축제에 참여하는 인력선들은 오리배보다 훨씬 빠르고, 심지어는 바닥에 날개를 달아 물 위로 띄우는 수중익선의 인력선까지 등장할 정도로 독창성과 창의력이 넘친다.

우리나라뿐만 아니라 세계의 여러 나라들, 특히 조선공학이 발달한 나라에서는 인력선 대회가 큰 규모로 열린다. 미국은 물론이고 유럽에서는 IWR(International Waterbike Regatta) 대회가 대학생들을 중심으로 매년 국제대회로 개최되고 있고, 일본에서는 'Dream of Ship Contest'가 개최되고 있다. 우리나라에서도 인력선 축제(HPVF ; Human Powered Vessel Festival)가 매년 대전 갑천에서 대학 동아리와 국내 대형 조선소를 중심으로 개최되고 있으며 해마다 참가 학교 수가 늘고 기술도 향상되고 있다.

인력선의 전형적인 형태는, 가볍고 튼튼한 배 위에 자전거와 같은 상부 구조물을 얹은 것으로, 사람이 앉아 페달을 돌리면 페달에 연결된 동력 연결 장치에 의해 프로펠러가 돌아서 추진력을 얻도록 되어있다. 요즈음 나오는 발전된 인력선들은 이에 만족하지 않고 배에 수중익을 달아 공중으로 띄워서 저항을 줄여 빠른 속도를 내기도 하고, 미국의 MIT공대의 인력선처럼 수중 프로펠러 대신 수면 위(공기 중)에서 프로펠러를 사용하기도 하며, 일종의 잠수함인 수중 인력선을 만들기도 한다.

이번 여름에는 대전 갑천에서 열리는 인력선 대회에 가서 이들을 만나보는 것은 어떨지.

현대중공업 인력선 동호회에서 제작한 인력선. 이 인력선도 배 밑에 날개를 달고 배를 물 위에 띄우는 수중익선이다.

2004년 인력선 축제에 참가한 서울대학교 조선해양공학과 인력선 제작 모임 '모모'. 전국의 조선공학 관련 학과에서는 인력선 모임이 활발하다.

한 가지 더!
배에 대해서, 또는 조선공학에 대해 좀 더 알고 싶은 독자들에게 아래 나열한 책과 홈페이지가 도움이 될 수 있지 않을까 하는 바람에서 몇 가지 소개하고자 한다.

· 배 짓는 사람들 (http://cafe.naver.com/shipbuilding)
국내 최대 규모의 조선 관련 까페. 조선공학이나 실제 조선소의 실무에 대해서 모르는 것을 물어보면 금방 답이 올라오고, 실제 조선소에서 근무하는 전문가들의 살아 있는 정보를 들을 수 있는 조선공학 관련 최대의 인터넷 까페이다.

· 《해양과학총서》(한국해양연구원 편집부, 해양연구원, 총 9권, 1995) 중 『선박의 이해』
한국해양연구원에서 출간한 해양과학총서로 해양개발, 해양오염, 남극, 선박 등에 대한 내용이 담겨있다. 이 총서 중 여덟 번째 권이 『선박의 이해』이다. 이 총서들의 일부는 인터넷 웹사이트 http://www.kordi.re.kr/chongseo/index.html에서 공개하고 있다.

· 『더 쉽스』(한창용·박명규, 디자인세상, 2003)
다양한 배에 대한 사진을 포함한 구체적인 이름과 설명에 관심있는 사람들에게 추천하고 싶은 책.

· 『한국해군의 비전 대양해군 : 군사안보 전문기자의 심층보고서』(이정훈, 동아일보사, 2003)
군함과 해군에 관심있는 사람들에게 추천하고 싶은 책.

· 『미래를 나르는 배』(채수종, 지성사, 2004)
우리나라가 세계 시장에서 매출액 1위를 차지하는 월드베스트 상품인 LNG 선박에 대해 전반적으로 소개하고 있는 책.

· 클라시커 50, 역사와 배 (루츠 붕크, 해냄, 2006)
배에 관심이 있고 배에 대해서 정말 재미있는 책을 찾는 분들에게 꼭 권하고 싶은 책. 어린이부터 성인까지 모두 재미있게 읽을 수 있는 책.

· 잠수함, 그 하고 싶은 이야기들 (안병구, 집문당, 2008)
우리나라 최초의 잠수함 함장인 안병구 제독이 직접 지은 잠수함에 대한 살아있는 이야기. 국내 잠수함 건조 과정부터 잠수함에 얽힌 에피소드까지 다양한 이야기를 따뜻하게 정리한 책.

· 한국의 배 (김효철, 지성사, 2006)
명실상부한 국내 최초의 배(船) 도감이라 할 만한 책으로 세계 제1의 조선 강국인 우리나라의 조선(造船) 역사를 집대성한 책.

군함, 또 하나의 영토

지금은 중국이 미국 다음가는 수출 교역국으로 부상했고, '한류'라는 신조어가 생길 만큼 중국과 한국 양국의 관계가 좋아졌지만, 사실 우리나라가 중국과 수교를 맺은 것은 10여 년밖에 안 된다. 1992년에 정식으로 중

해군사관학교 순항훈련을 위해 출항하는 군함. 순항훈련은 외국을 돌아다니며 생도 교육과 함께 군사 외교 사절단의 역할도 수행한다.

국과 수교를 맺고 가까워지면서 겪은 여러 가지 변화 중에 2001년 10월에 해군사관학교 순항훈련부대가 최초로 중국 대륙을 방문한 사건도 있다. 배 한 척이 상하이에 정박한 것이 뭐 그리 대단한 일이냐고 의아해할지 모르지만, 군사 외교 관계에서 군함은 단순한 배 한 척 이상의 의미이다.

군함은 말 그대로 군사적 임무 수행을 목적으로 하는 배를 부르는 용어이지만, 한편으로는 나라를 대표하고 완전한 국가의 주권과 독립을 상징하는 국가기관의 역할을 하고 있다. 우리 군함이 상하이에 입항했을 때는 그것이 배 한 척으로서가 아니라 대한민국이라는 국가를 상징하는 대표로 중국을 방문했다는 뜻이다. 이런 관점에서 보았을 때 우리나라 군함이 상하이에 입항한 사건은 한국과 중국이 서로의 국권을 인정하며 상호 협력하는 우호국임을 대내외에 다시 한 번 선포하는 의미를 띤다.

군함은 우리 땅?

군함은 상징적으로 국가의 주권을 대표할 뿐 아니라 실제로 국가기관으로서 특권과 면제권을 갖는다. 비슷한 예로, 외국에 있는 대사관을 생각하면 이해하기 쉬울 것이다. 냉전 시대를 배경으로 한 「백야」(테일러 핵포드 감독, 1985년) 같은 영화를 보면, KGB에게 쫓기는 주인공이 미국 대사관으로 뛰어들어 도망치는 장면이 나온다. 일단 대사관에 들어가면 아무리 총으로 무장한 KGB라도 닭 쫓던 개처럼 노려보는 것 외에는 아무 행

군함은 상징적으로 국가의 주권을 대표할 뿐만 아니라 국가기관과 같은 특권과 면제권을 갖는다.

동도 취할 수 없다. 비록 구소련의 영토 안에 있더라도 대사관에는 불가침의 '특권'이 적용되어, KGB가 함부로 들어가 강제로 권력을 행사할 수 없기 때문이다.

군함도 마찬가지 특권이 있다. 만약 범죄자가 경찰에 쫓기다가 다른 나라 군함으로 도망치면(물론 삼엄한 경비에 둘러싸인 군함으로 도망치는 일이 더 어렵겠지만.) 경찰은 더 이상 그를 쫓지 못한다. 물론 범죄자 인계를 군함에 요구할 수는 있지만, 만에 하나 군함이 이를 거부하면 비록 그 군함이 자기 나라 항구에 입항해있더라도 그 나라 경찰로서는 더 이상 손을 쓰지 못하고 포기해야만 한다. 군함은 마치 한 나라의 떠다니는 땅처럼, 어느 항구에 정박하거나 어느 바다에 떠있더라도 국가기관으로서의 특권과 면제권을 갖고 있는 것이다.

이번에는 우리의 또 다른 영토라고 말해도 과언이 아닌 군함의 종류와 특징에 대해서 살펴보겠다.

해군의 아버지, 손원일 제독

대한민국 해군의 아버지인 故 손원일 제독. 손원일 제독은 한국 해군과 해병대를 창설하였다.

우리나라의 명장, 특히 해군 명장을 얘기할 때 많은 사람들은 대부분 주저 없이 충무공 이순신과 장보고 대사를 꼽을 것이다. 이런 반응들은 물론 그분들의 업적이 워낙 뛰어나기 때문에 나타나는 것이겠지만, 한편으로는 현재나 가까운 과거 역사에는 그만큼 훌륭한 군인이 없었나 하는 아쉬움이 남기도 한다. 대한민국 해군 역사에서 장보고 대사와 충무공 이순신만 떠올리는 사람들을 위해, 여기서는 대한민국 해군의 아버지로 불리는 손원일 제독을 소개하고자 한다.

대한민국 임시정부 의정원 의장을 지낸 손정도의 장남으로 태어난 손원일은 1924년에 중국 난징[南京]중앙대학 항해과를 졸업하고, 중국 해군의 국비 유학생으로 3년간 독일에서 공부했다. 그 후 1930년에 상하이 독립단체의 비밀 연락원으로 국내에 입국했다가 체포되어 강제 출국을 당하고, 광복이 된 이후에야 국내에 돌아올 수 있었다.

국내에 들어온 손원일 제독은 광복을 맞은 기쁨과 혼란의 와중에서 누구도 상상하지 못하고 있던 일을 추진한다. 즉 '조국 광복에 즈음하여 앞으로 이 나라 해양과 국토를 지킬 동지를 구함'이라는 구호를 내걸고 뜻있는 사람들을 모아 해사대를 결성하였다. 그리고 1945년 11월 11일에 '해방병단'을 창설, 초대 단장에 취임하였는데, 이것이 한국 해군의 모체가 되었다.

이후에 대한민국 정부가 수립되자 해방병단은 대한민국 해군으로 조직이 정비되고, 손 제독은 초대 해군참모총장으로 취임하였다. 그리고 1949년에 상륙작전을 수행할 수 있는 해병대를 창설하면서 명실상부한 대한민국 해군, 해병대의 아버지가 되었다.

해군 초창기에는 정부 재정이 어렵던 시기였기 때문에 해군은 전투함을 구입할 예산조차 갖추지 못했다. 이에 손 제독은 전투함 구입 운동에 직접 뛰어들어 마침내 우리나라 최초의 전투함인 백두산호를 구입하였다. 나중에 백두산호는 한국전쟁 발발 당일인 1950년 6월 25일 대마도(쓰시마 섬)와 부산 중간 해상에서 후방 교란의 임무를 띤 북한군 600명을 태운 1,000t급 북한 무장 수송선을 격침시켰다.

1980년 2월 15일, 71세를 일기로 별세한 손원일 제독은 건국 초기 어려운 상황에서 해군과 해병대를 창설한 해군의 아버지이자 국군 창설의 선봉장으로 불리고 있다. 또한 그는 해군 창설기부터 '해군은 신사다.'라는 신념 아래 신사도에 입각한 정의로운 해군상을 정립하기 위해 노력했다. 이러한 손원일 제독의 철학은 해군 창설일로 기념되고 있는 11월 11일이라는 날짜에도 담겨있다. 한자로 '十一十一'은 '선비 사(士)'자 두 개가 겹친 형태인데, 이것은 '해군은 신사도에 따라 운영되어야 한다.'는 손 제독의 사상을 내포하고 있는 것이다.

선배들의 호국정신을 기리기 위해 해군사관학교 안에는 백두산호의 마스트가 보존되어있다.

떠다니는 기지 : 항공모함

1941년 12월 7일, 고요한 일요일 새벽 어스름을 깨고 하와이로 다가가는 비행기 무리가 있었다. 그리고 얼마 지나지 않아 미국 워싱턴에는 아무도 믿지 못할 전보가 하나 도착했다.

"지금 진주만이 공격당하고 있습니다."

세계 전쟁사에서 그 유례를 찾아볼 수 없는 가장 과감한 전쟁인 진주만 공습이 시작된 것이다. 전쟁사적인 측면에서 본다면, 진주만 공격은 일본이 미국에 심리적·물질적 타격을 주면서 태평양 주도권을 잡는 기점이 되기도 하였지만, 동시에 미국이 2차 세계대전에 적극적으로 참여하는 계기가 되기도 하였다. 한편으로 진주만 공격을 함정 발달 과정의

미국의 주력 항공모함인 니미츠급 군함.
비행기를 실어나르는 항공모함은 넓은 비행갑판이 있어 활주로 역할을 해준다.

측면에서 본다면, 거함 거포 시대에 종말을 고하고 항공모함의 시대가 도래했음을 알리는 신호탄이 되기도 한다.

진주만을 공습한 한 떼의 비행기들이 일본에서 약 7,000km가 넘는 거리에 위치한 하와이 진주만을 공습할 수 있었던 데에는 이 비행기들을 실어 나른 항공모함의 역할이 절대적이었다. 그리고 동시에 일본의 진주만 공습이 절반의 성공으로 그친 이유 중의 하나도 미국 항공모함을 격침시키지 못한 데 있다고 하니, 항공모함의 중요성이 어느 정도인지 알 수 있을 것이다.

2차 세계대전을 계기로 해상전의 근간으로 자리 잡은 항공모함은 군함의 천적이라고도 부를 수 있는 전투기를 운반하는 역할을 수행한다. 항

영국의 경항공모함인 인빈서블(invinsible)은 좁은 활주로의 한계를 극복하기 위한 독특한 구조가 눈에 띈다.

공모함에는 비행기가 이착륙할 수 있는 넓은 비행갑판이 있어서 공항의 활주로 역할을 한다. 또한 항공모함은 공항과 달리 이동할 수 있기 때문에 세계 어느 곳에서도 독자적으로 전투 기지의 역할을 수행할 수 있다. 현재 세계 최강이라는 미국 해군의 항공모함은 80,000~100,000t에 달하고, 항공모함 한 대에 70~90대의 전투기가 탑재될 만큼 엄청난 크기를 자랑한다. 하지만 이런 거대한 배를 유지하기 위해서는 어마어마한 운영비가 들기 때문에 영국, 프랑스 같은 국가들은 30,000t급 내외의 경(輕)항공모함을 만들어 운용한다. 이러한 항공모함은 활주로가 짧기 때문에 주로 해리어기처럼 짧은 활주로에서 이착륙하는 전투기를 싣는다.

미국 해군 항공대

해군에서 비행기를 운용한다고 말하면, 공군도 아닌 해군이 왜 비행기를 타냐며 어줍지 않은 농담으로만 생각할지도 모르겠다. 그러나 이건 아는가? 멋진 공중전 장면을 보여주면서 많은 젊은이들에게 파일럿의 꿈을 심어준 영화 「탑건」에서 톰 크루즈가 연기했던 멋쟁이 비행사가 해군 소속이라는 사실!

「탑건」에서 톰 크루즈가 연기했던 비행사는 해군 소속이었다.

역사적으로도 공군보다 더 긴 전통을 지니고 있는 미국 해군 항공대의 자존심이나 실력은 실로 대단하다. 전투기의 종류와 운용 방식이 다르기 때문에 미 공군과 해군을 직접적으로 비교하는 것은 불가능하지만, 어떤 면에서는 미 해군 파일럿의 능력이 더 우수하다고 보는 견해도 있다. 사실 활주로에 비할 때 좁고 흔들거리기까지 하는 항공모함에 안전하게 착륙하는 일은 탁월한 조종 실력을 갖춘 숙련된 파일럿만이 할 수 있다. 그만큼 고난도의 일이다.

미국 해군사관학교 소개 책자에 나오는 짧은 글 한 줄도 미 해군 항공대의 우수성을 간접적으로 보여준다.

"미국 어느 대학보다도 해군사관학교에서 많은 우주 비행사가 배출되었습니다.(The U. S. Naval Academy produces more astronauts than any other university in the country.)"

얼핏 우리 상식으로는 우주 비행사라고 하면 공군사관학교 출신이 대부분일 것 같은데, 해군 출신 우주 비행사가 더 많다니 흥미롭지 않은가.

배틀 크루저(Battle Cruiser)는
클 수밖에 없다 : 순양함

미 해군이 세계 최강이 되는 데는 항공모함의 역할이 절대적이라는 말이 있을 만큼 현대 해전에서 항공모함의 위력은 막강하다. 하지만 항공모함은 바다를 떠다니는 배의 기능과 함께 항공기를 이착륙시키는 해상 공항의 역할을 하기 때문에, 그만큼 무기를 탑재할 공간이 적어 방어력이 약할 수밖에 없다. 그래서 항공모함은 주로 혼자 움직이지 않고 항공모함 함대를 이루어 다양한 전투함이나 잠수함과 함께 움직인다.

항공모함을 호위하는 함정 중에 가장 큰 배는 순양함인데, 순양함은 대개 8,000t급 이상이다. 순양함(Cruiser)이라는 이름은 독자적인 전투 능력과 충분한 군수품을 적재하여 대서양을 왕복 항해하면서 작전을 수행할 수 있는 순양 능력을 갖춘 것에서 기인한다.

미국 해군의 타이콘데로가(ticonderoga)급 순양함(위)과 러시아의 키로프(kirov)급 순양함. 순양함은 현재 미국과 러시아에서만 보유하고 있다.

2차 세계대전 이후에 항공모함의 중요성이 커지면서 항공모함 호위가 순양함의 주임무가 되었지만, 순양함은 단독으로 나가거나 소형 전투함을 이끌고 먼 바다로 나가 해전에 참여하는 전투 능력을 갖추고 있다.

순양함의 일종인 순양전함(Battle Cruiser)은 전함에 맞먹는 공격력을 갖추고 있기도 한데, 온라인 게임의 대명사가 된 '스타크래프트'에도 배틀 크루저(Battle Cruiser)라는 막강한 유닛이 있다. 배 자체의 공격력과 방어력 면에서 볼 때 현대 해군에서 순양함이 가장 막강한 군함이듯이, 스타크래프트의 배틀 크루저도 막강한 공격력과 방어력을 갖추고 있으며 순양함처럼 배틀 크루저의 덩치도 크다. 지구상에서 바다 위 항공모함을 지키는 순양함도 8,000t이 넘는데, 우주 전쟁에서 활약하는 순양함이니 당연히 클 수밖에 없는 것이다.

순양함이 있는 나라는 미국과 러시아뿐이다. 현재 미국의 순양함은 대규모 항공 위협에 대응하기 위하여 이지스(Aegis) 전투 체계와 대량의 대공 미사일을 탑재하며, 고속을 낼 수 있도록 핵 추진 체계를 갖추고 있다.

온라인 게임 '스타크래프트'에 등장하는 순양전함(Battle Cruiser).

바다의 방패 : 이지스함

현대 해군은 이제 더 이상 배(수상함)로만 구성되어있지 않고, 수상함은 물론이고 잠수함과 항공기도 갖추어져 있어서 수상·수중·항공 세력 모두를 운용하고 있다. 잠수함이 해군의 한 축을 차지하는 것은 그럴 만하지만, 비행기는 해군에서 왜 중요한 역할을 할까? 그 이유는 해군의 주 무기 체계인 함정의 천적이 바로 비행기이기 때문이다. 세계 최강이라는 미 해군을 공포에 떨게 했던 가미카제 특공대라고 들어본 적이 있는지……. '신이 일으키는 바람'이라는 뜻을 가진 가미카제는 2차 세계대전 당시에 폭탄이 장착된 비행기를 몰고 자살 공격을 한 일본군 특공대의 이름으로, 당시 미 해군은 일본 해군의 가미카제 전투기 때문에 적잖은 함정을 잃었

현대 해군은 수상·수중·항공 세력을 모두 운용하여 입체 해상 전력을 갖추고 있다.

다고 한다.

생각해보면 아무리 커다란 함정이라도 하늘에서 전투기가 공격을 퍼부으면 치명적인 피해를 입을 수밖에 없다. 함정에서 함포와 미사일을 쏘아 전투기 한두 대를 격추시킬 수 있을지는 모르지만, 수많은 전투기들이 사방에서 공격해오면 피할 도리가 없기 때문이다. 실제로 일본 해군은 비행기를 몇 대 잃더라도 함정 하나만 가라앉힐 수 있으면, 그 편이 훨씬 이득이라는 계산을 했다. 그리고 이것은 맞는 말이다. 더욱이 현대 전쟁에서는 원거리에서 미사일로 공격하기도 한다. 수십 대의 미사일이 함정으로 날아오면 어찌어찌해서 몇 대를 격추시킬 수 있을지는 모르지만 그중에서 단 한 방만 맞아도 함정이 받는 피해는 치명적이다.

함정이 이러한 현대전에서 살아남기 위해서는 수많은 전투기와 미사

이지스 체계의 핵심인 SPY-1D 레이더. 이 레이더는 100여 개 목표물을 동시에 추격할 수 있다.

일을 추적할 수 있는 고성능 레이더와 슈퍼컴퓨터, 그리고 전투기와 미사일을 격추시킬 수 있는 방어용 무기 체계로 구성된 화력 통제 시스템 개발이 필요하다. 그리고 이런 시스템을 현실화시킨 것이 바로 이지스(AEGIS) 체계이다.

이지스라는 이름은 그리스 신화에 나오는 아테나의 방패에서 따온 말이다. 신화에 의하면, 신들의 신인 제우스가 전쟁의 여신 아테나에게 세상의 모든 창과 화살로도 뚫을 수 없는 천하제일의 방패를 선물했는데, 이 방패의 이름이 아이기스(Aegis)이다.(영어 발음으로 읽으면 이지스이다.) 1973년에 미 해군은 이 신화를 현실로 만들었다. 배의 방패라고 말할 수 있는 이지스 체계는 적기 100대가 한꺼번에 날아오더라도 'SPY-1D 레이더' 같은 고성능 레이더로 100여 개의 타깃을 동시에 추적할 수 있다. 이지스 함정에 설치된 슈퍼컴퓨터는 함정에 가장 근접한 적기나 미사일을 순식간에 골라낸 후 적절한 무기를 발사한다. 고성능 레이더와 슈퍼컴퓨터, 그리고 방어용 무기 체계로 구성된 '화력 통제 시스템'인 이지스 체계는 함정을 보호한다는 목적에서 끝나지 않고 그야말로 철벽의 대공 체

현대 이지스 구축함의 대명사인 알레이버크(Arleigh Burke)급 구축함.

계 구축을 가능하게 해준다. 심지어는 이지스함 한 척이 인천 앞바다에 있으면, 이 방패로 수도권을 방어할 수 있다는 말이 있을 정도이다.

잠수함 잡는 배 : 구축함

순양함보다 작은 군함인 구축함(Destroyer)은 이른바 '잠수함을 잡는 배'라 불린다. 현대 해전에서 가장 강력한 무기로 떠오르는 잠수함은 은밀성에 그 가치가 있다. 따라서 항공모함 전단(戰團)에는 전문적으로 대잠(對潛) 작전을 하는 함정이 따라붙는데, 이것이 바로 구축함이다. 구축함은 영국에서 처음 만들어졌을 때 어뢰정을 물리친다는 뜻으로 '토피도 보트 디스트로이어(torpedo-boat destroyer)'라고 불렸는데, 나중에 다시 디스트로이어(destroyer)로 명명했다. 한국과 일본은 이를 '(잠수함을) 쫓는 함정'으로 이해해 '구축(驅逐)함'으로 번역하였다. 구축함은 3,000~8,000t의 무게가 나가는 함정이다.

과학이 발달함에 따라 대잠전 장비가 더욱 작아져 공간에 여유가 생기자, 구축함에 대잠전 장비 외에 대함 및 대공 장비도 실리게 되면서 구축함은 대잠전 전문 함정에서 벗어나 '작은 순양함'으로 발전하게 되었다. 실제로 영국이나 프랑스 같은 중규모 강국에 있는 수직이착륙기용 항공모함이나 경항공모함은 이러한 구축함만으로도 충분히 호위할 수 있다. 현대전에서 구축함은 경항공모함의 호위뿐 아니라 단독으로 혹은 구축함대를 이끌고 위험 수역에 들어가 작전을 펴는 함정으로 용도가 확장되고

대한민국 해군의 구축함인 KDX-Ⅱ 충무공 이순신함.

있다.

　구축함의 용도가 확장되면서 미 해군은 순양함에 탑재하던 이지스 체계를 줄여 구축함에 싣는다는 계획을 세웠고, 미국 독립 215주년인 1991년 7월 4일, 이지스 체계를 탑재한 8,300t급의 알레이버크(Arleigh Burke) 구축함(DDG 51)을 취역시켰다.

　우리나라의 주력 구축함인 KDX-Ⅱ에는 아쉽게도 이지스 체계가 실려 있지 않다. 하지만 2007년도에 이지스급 KDX-Ⅲ의 1번함인 '세종대왕' 함을 진수함으로써 세계에서 다섯 번째로 이지스함을 보유한 나라가 되었다. 그리고 2010년과 2012년에는 두 번째, 세 번째 이지스함을 배치할 예정이다. 역사와 전통을 중시하는 해군에서는 군함의 이름을 짓는 데도 나름대로의 규칙이 있다. 우리나라 해군에서는 구축함의 이름은 역대 왕

미국 해군의 주력 구축함인
알레이버크급 이지스 구축함.

일본의 콩고급 이지스 구축함.

이나 장수의 이름을 붙이는데, 우리나라 첫 이지스함인 KDX-Ⅲ의 1번함은 그 중요성을 생각해서 '세종대왕'이라는 이름을 붙였다.

바다의 보디가드 : 호위함

구축함보다 작은 군함으로 호위함(Frigate)이 있다. 이 함정은 소형으로서 빠른 속력과 경무장을 갖추고 있으므로 하나의 갑판에 모든 무장을 탑재한다. 우리나라는 현재, 1800t급의 울산급 호위함을 독자 생산해서 운용

대한민국 해군의 울산급 호위함. 호위함은 속력이 빠르고 공격 무기를 갖추고 있다.

하고 있다. 함정의 수명은 보통 30년으로 잡는데, 울산급 호위함은 대부분 1980년대에 건조됐으므로 수명이 5년 정도 남아있다. 한국 해군은 울산급 호위함이 수명을 다하면 덩치가 더 큰 차기 호위함으로 대체한다는 계획을 갖고 있다.

초계 중 이상무 : 초계함

호위함보다 작은 500~1,500t 사이의 함정을 초계함(corvette)이라 한다. 초계함은 호위함보다 더 얕은 바다에서 초계(patrol) 임무를 수행한다. 초계(哨戒)라는 말은 함정이나 항공기가 적의 습격에 대비하여 위험 수역을 운항하면서 감시하는 것을 말한다. 호위함에는 대도시나 광역시도의 이름을 붙이지만, 초계함에는 중소도시의 이름을 붙인다.

대한민국 해군의 포항급 초계함. 초계함은 연안 초계를 주 임무로 하는 함정이다.

작고도 빠르다 : 고속정

초계함보다 작은 100~500t 사이의 작은 함정은 고속정(Fast Boat)이라고 한다. 고속정은 크기가 작기 때문에 더 빠른 속도를 내는데, 시속 80km로 속력을 낼 수 있다. 주로 연안이나 항만 방어용으로 운용된다. 현재 세계에 취역 중인 고속정은 1,820여 척인데, 고속정은 해군력을 갖추기 시작하는 신흥 해군국에서 실질적인 주력함이다.

물살을 헤치며 달리고 있는 고속정. 우리나라 바다를 지키는 대한민국 해군의 고속정이다.

해군 복장엔 이유가 있다

해군을 얘기할 때 절도 있고 세련된 제복을 결코 빼놓을 수 없을 것이다. 영화에 나오는 하얀 해군 복장은 그야말로 바다의 신사라고 부를 수 있을 만큼 멋스러운 복장이지만, 역사와 전통이 있는 해군 제복에는 단순히 멋을 내기 위한 것만이 아니라 나름대로의 실용성이 갖춰져 있다.

일례로 해군 수병들이 입는 나팔바지를 보자. 1970년대는 물론이고 1990년대 말에 복고풍으로 다시 유행했을 만큼 일반인들에게도 널리 퍼져있는 나팔바지는 수병들의 복장에서 유래되었다. 목조선(나무배)을 쓰던 시대부터 선원들은 갑판 위에서 청소를 할 때 쉽게 걷어올릴 수 있도록 바지 밑부분을 넓게 만들었는데, 이것이 나팔바지의 시초이다.

해군 넥타이도 해군의 복장 문화의 큰 줄기를 이루고 있다. 물론 넥타이는 바다의 신사인 해군들의 맵시를 위해서도 필요하지만, 또 한편으로는 위급시에 요긴하게 쓰일 수 있다. 불의의 사고로 물에 빠졌을 때는 배로 끌어올리는 수단이 되기도 하고, 수중에서 상어가 접근할 때는 방어 수단이 되기도 한다. 동물들은 자기보다 큰 덩치를 보면 피하고 작은 덩치에는 공격하는 습성이 있다. 그래서 캐나다에서는 곰을 만나면 남자 서너 명이 팔을 크게 벌리고 맞잡아 몸을 크게 보이도록 하라고 안내하기도 한다. 상어도 마찬가지 습성이 있어서 상대방이 자기 몸체의 길이보다 크면 공격을 하지 않는다. 따라서 상어를 만났을 때

해군 수병들이 입는 나팔바지는 대중화되어 일반인들 사이에서도 유행했다.

네커치프는 물에 빠졌을 때 덩치를 커보이게 하는 방어 수단이 되기도 한다.

에는 넥타이를 길게 연결함으로써 공격을 피할 수 있다. 이런 이유로 해군은 장교뿐만 아니라 일반 수병도 네커치프라고 불리는 일종의 넥타이를 맨다.

지금은 일본 여고생 교복의 대명사처럼 된, 이른바 '세라복'이라 불리는 세일러복(Sailor suit)도 해군에서 유래하였다. '세라'는 선원을 뜻하는 세일러(Sailor)를 일본식으로 발음한 것이다. 목에 사각형의 치장 깃을 붙여서 어깨 뒤로 늘어뜨리는 디자인은 영국 해군에서 유래했는데, 이것은 바다 위에서 바람이 강해 소리가 잘 들리지 않을 때 이 독특한 깃을 세워 귓가에 대어 소리를 잘 듣기 위한 것이었다. 우리가 소리가 잘 안 들릴 때 귓가에 손을 대는 이유와 같다고 생각하면 된다.

일본 여고생들이 입어 교복의 한 형태로 유행한, 이른바 세라복은 해군들의 세일러복에서 유래된 것이다.

무엇이든 실어 나른다 : 상륙함

2차 세계대전에서 독일군에 밀리던 연합군은 노르망디 상륙작전을 통해 전세를 역전하는 계기를 마련하였고, 한국전쟁 때 낙동강 방어선 아래서 고전하던 한국군에게 인천상륙작전의 성공은 단비와 같았다. 이러한 상륙전을 수행하기 위해서는 상륙부대의 병력과 장비를 수송하고 상륙작전을 시작하는 군함인 상륙함이 필수적으로 요구된다. 상륙함은 대부분의 공간이 인원이나 물자를 태우는 공간으로 사용되기 때문에, 전시에는 상륙작전에 투입되지만 평시에는 수송함으로 쓰일 수 있다.

상륙함은 사람뿐만 아니라 장갑차, 공기부양정을 비롯한 상륙정, 헬리콥터, 심지어 수직이착륙기까지도 실어 나른다. 「라이언 일병 구하기」(스

상륙함은 선수를 열어 전차나 병력을 해안가로 상륙시킨다.

미국 해군의 와스프(Wasp)급 다목적 강습 상륙함. 현대의 상륙함은 헬리콥터와 수직이착륙기 등을 실어 나르며 초수평선 상륙작전도 가능하게 한다.

티븐 스필버그 감독, 1998년) 같은 영화를 보면 상륙함이 해안가까지 와서 입구를 열고 거기서 병력이나 전차가 우르르 쏟아져 나오는 장면이 있다. 하지만 상륙함이 해안가 가까이 접근하면 상륙작전을 수행하기 전에 공격을 받을 가능성이 높다. 따라서 현대에는 해안선에서 멀리 떨어진 바다에서 헬리콥터와 수직이착륙기를 이용해 상륙작전을 시작하는 초수평선 상륙작전의 개념이 도입되었고, 이를 위해서 헬리콥터를 실어 나르기 위한 넓은 갑판을 갖춘, 항공모함을 닮은 상륙함도 생겨나게 되었다. 상륙함은 심지어 보다 작은 배인 상륙정을 실어 나르기도 한다. 특히 공기부양정 같은 상륙정은 수륙양용으로 사용될 수 있기 때문에 상륙전에서는 그 효용성이 더욱 커진다. 공기부양정 등을 실어 나를 수 있는 상륙함은 배 안에 커다란 공간이 있어서 그 부분에 바닷물을 채울 수 있게 되어있다. 바닷물이 들어오면 공기부양정은 자연스럽게 뜨고, 선미에 있는 입구 등을 통해 바로 출동시켜 신속한 작전 수행을 가능하게 한다.

은밀한 힘 : 잠수함

"넬슨 제독이 그의 전 생애에 걸쳐 수행했던 전투에서 희생시킨 병사보다 더 많은 병사를 잃어버렸다."
이 말은 1차 세계대전 때 독일의 중형 잠수함인 U보트에 의해 영국 순양함 3척이 1,459명의 승조원들과 함께 침몰한 후 당시 영국 해군 참모총장

바다 속에 깊이 들어가 움직이는 잠수함은 그 은밀한 특성 때문에 전쟁 상황에서 더욱 각광받는다.

핵잠수함은 오랜 시간 동안 물속에서 잠항할 수 있다.

인 피셔 제독이 분개하면서 했던 말이다. 1·2차 세계대전을 통해서 독일 해군이 건조한 1,000여 척의 U보트는 5,150여 척의 연합군 군함과 상선을 격침시킴으로써 잠수함의 위력을 여실히 보여주었다. 그리고 오늘날에도 잠수함은 세계 여러 나라에서 각광받는 전력 수단으로 운용되고 있다.

잠수함이 각광받는 가장 큰 이유는 여간해서는 탐지되지 않는 은밀성 때문이다. 현대 과학은 600km 떨어진 곳에 있는 비둘기를 탐지해내는 레이더까지 개발해냈지만, 물속은 매우 특수한 공간이어서 불과 수km 떨어진 곳에 있는 1만 t급 잠수함을 탐지하는 장비조차 개발하지 못하고 있다. 이렇게 은밀성이 뛰어나다 보니 잠수함은 강한 해군을 원하는 나라의 전략 무기가 되었다.

잠수함은 디젤엔진을 사용하는 재래식 잠수함과, 원자로를 사용하는 핵(원자력)잠수함으로 크게 나눌 수 있다. 핵잠수함은 장시간 잠항 능력 면에서 재래식 잠수함에 비해 절대적으로 우세하다. 핵연료 다발의 덩어리를 '노심'이라고 하는데, 미국 해군의 로스앤젤레스급 공격형 핵잠수함의 노심 수명은 평균 10년이다. 사실상 작전 중에 연료가 얼마나 남았는지를 전혀 걱정할 필요 없이 엄청나게 먼 거리를 달릴 수 있는 것이다. 또한 핵잠수함은 에너지를 발생시키는 데 산소가 필요하지 않다는 장점이 있다. 에너지의 발생에 산소가 필요 없다는 이야기는 결국 기계가 고장을 일으키지만 않는다면 핵잠수함은 노심의 수명이 다할 때까지 몇 년이고

디젤 잠수함인 대한민국 해군의 209급 잠수함. 소음이 적다는 장점이 있다.

잠항한 채 항해를 계속할 수 있다는 뜻이다.

디젤엔진으로 발전기를 돌려 축전기를 충전한 다음 축전기의 힘으로 프로펠러를 돌려 항해하는 재래식 잠수함도 몇 년까지는 불가능하지만 그래도 몇 주간은 연속적으로 잠항할 수 있다. 스노클(snorkel)이라고 불리는 급배기통을 수면 위에 내놓고 그곳을 통해 공기를 빨아들이고 배기가스를 내보내면서 디젤기관을 작동시키면 되는 것이다.

우리나라는 현재 1,200t급인 독일제 209를 보유하고 있고, 제1번함이 '장보고함'으로 명명돼 장보고급으로 불리고 있다. 장보고급 잠수함이 크기는 작지만 성능만큼은 뛰어나다. 이 '꼬마 잠수함'은 워낙 조용해 미국과의 연합훈련에서 미 해군의 핵추진 잠수함(SSN)을 가상 격침하기도 하였다.

부록

모멘트 알아보기

이제까지 만능열쇠처럼 여겨왔던 힘의 법칙만으로 물체의 운동을 표현하는 것이 부족하다면, 과연 무엇을 끌어들여야 제대로 표현할 수 있을까?

알고 보면 모멘트라는 개념은 일상생활에서 쉽게 접할 수 있는 친근한 존재이다. 물체에 회전 효과를 일으키는 물리량을 우리는 모멘트라 정의하며, 이 모멘트가 힘뿐만 아니라 회전축으로부터 떨어진 거리와도 관계가 있다는 것은 경험을 통해 알 수 있다.

1. 모멘트란?

'힘'에 대한 개념은 물리를 공부하기 시작하는 중고등학교 때부터 자주 접해왔기 때문에 쉽게 이해되지만, '모멘트'라는 개념을 처음 접하면 조금은 생소하고 어렵게 느껴질 것이다. 하지만 알고 보면 모멘트라는 개념은 일상생활에서 쉽게 접할 수 있는 친근한 존재이다. 물체에 회전 효과를 일으키는 물리량을 우리는 모멘트라 정의하며, 이 모멘트가 힘뿐만 아니라 회전축으로부터 떨어진 거리와도 관계가 있다는 것은 경험을 통해 알 수 있다. 이번에는 모멘트에 대해서 같이 생각해보고 좀 더 친근하게 다가서보자.

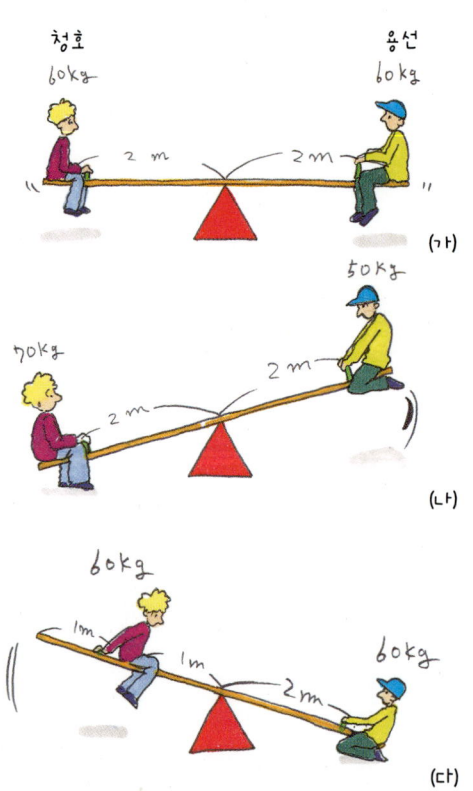

시소 놀이에는 모멘트가 숨어있다. 몸무게가 달라도 앉은 위치에 따라 오르내리는 시소 놀이를 어떻게 즐길 수 있을까?

모멘트에 대한 이야기를 하면서 단골로 등장하는 장비가 바로 놀이터에 있는 시소이다. 예를 들어, 몸무게가 똑같이 60kg인 청호와 용선이가 시소 끝(2m 지점)에 그림 (가)와 같이 앉아있다면 우리는 복잡한 수식을 거치지 않아도 당연히 시소가 평형을 이룰 것이라고 짐작할 수 있다. 하지만 만약에 그림 (나)와 같이 청호가 70kg으로 살이 찌고 용선이가 50kg으로 몸무게를 줄인 다음 시소 끝에 앉는다면 어떻게 될까? 당연히 청호 쪽으로 시소가 기울 것이다. 그렇다면 이번에는 처음 몸무게인 60kg을 유지하고 있는 청호와 용선이가 시소에 앉되, 청호가 시소 끝이 아니고 그림 (다)와 같이 시소의 앞부분(1m 지점)에 앉을 경우를 생각해보자. 어떻게 되겠는가? 역시 시소는 용선이 쪽으로 기울 것이라고 어렵지 않게 답할 수 있을 것이다.

그러나 경험적으로 당연하게 여겨지는 이러한 현상이 물리적으로도 당연한 결과인지 생각해보자. 모멘트를 모르고 힘만 아는 상태라면 이 결과들이 결코 당연하지만은 않다. 왜냐하면 그림 (가), (나), (다) 모두 두 사람의 몸무게 합이 120kg으로 일정하고, 이 무게에 해당하는 중력이 똑같은 크기로 아래쪽으로 작용하기 때문이다. 즉 뉴턴의 힘의 법칙 $F=ma$만 사용한다면, (가), (나), (다) 모두 (같은 힘이 작용하기 때문에) 똑같은 상황이 벌어져야 한다. 이제까지 만능열쇠처럼 여겨왔던 힘의 법칙만으로 물체의 운동을 표현하는 것이 부족하다면, 과연 무엇을 끌어들여야 제대로 표현할 수 있을까?

결론적으로 얘기하면, 이러한 운동을 표현하기 위해서는 모멘트의 개념이 필요하다. 여기서 말하는 운동이란 회전운동이다. (나)와 (다)의 경우 시소가 움직이는 것을 좀 더 정확히 표현하면 '시소가 회전하고 있는 것'이다. 즉 시소 자체가 한 곳에서 다른 곳으로 이동(직선운동)하는 것이 아니라 단지 회전만 하는 것이다.

이때 시소 전체를 다른 공간으로 옮기는 것은 직선운동이라 할 수 있고, 앞의 그림과 같이 시소를 타고 노는 것은 회전운동이라 할 수 있다. 직선운동은 그 운동의 원인이 힘에 있고, 회전운동은 모멘트에 있다.

그렇다면 회전운동을 일으키는 모멘트에 영향을 미치는 물리량에는 어떤 것들이 있을까? 이 질문의 해답은 처음에 설명했던 시소 문제에서 찾을 수 있다. (나)의 경우에 청호 쪽으로(반시계 방향) 회전하였으므로 청호가 만드는 모멘트가 더 크다고 말할 수 있을 것이다. 여기서 청호와 용선이의 차이는 몸무게, 더 정확하게 짚자면 몸무게에 의해 생기는 힘(중력)이므로 힘이 클수록 모멘트가 커진다는 결론에 쉽게 도달할 수 있다. (다)의 경우에는 청호와 용선이의 앉은 위치, 즉 중심에서 떨어진 거리가 다르므로 모멘트를 발생시키는 또 다른 원인은 힘이 작용하는 거리라는 결론에도 쉽게 도달할 수 있다. 결론적으로 우리는 모멘트가 힘(F)과 거리(d)에 비례한다는 사실을 알 수 있고, 모멘트 M은 다음 수식과 같이 정리할 수 있다.

$$M = Fd$$

이 결과를 이용하여 시소 문제를 경험적 방법이 아닌 수학적 방법으로 다시 풀어보자.

(가)의 경우 :

청호가 만드는 모멘트는

$M_{청호} = F_{청호} \times d_{청호} = 60\text{kg} \times 9.8\text{m/s}^2 \times 2\text{m} = 1{,}176\text{Nm}$

용선이가 만드는 모멘트는

$M_{용선} = F_{용선} \times d_{용선} = 60\text{kg} \times 9.8\text{m/s}^2 \times 2\text{m} = 1{,}176\text{Nm}$

따라서 둘이 만드는 모멘트는 같기(평형을 이루기) 때문에 회전운동이 일어나지 않는다.

(나)의 경우 :

청호가 만드는 모멘트는

$M_{청호} = F_{청호} \times d_{청호} = 70kg \times 9.8m/s^2 \times 2m = 1,372Nm$

용선이가 만드는 모멘트는

$M_{용선} = F_{용선} \times d_{용선} = 50kg \times 9.8m/s^2 \times 2m = 980Nm$

따라서 청호가 만드는 모멘트가 더 크므로 회전운동은 청호 쪽으로(반시계 방향으로) 일어난다.

(다)의 경우 :

청호가 만드는 모멘트는

$M_{청호} = F_{청호} \times d_{청호} = 60kg \times 9.8m/s^2 \times 1m = 588Nm$

용선이가 만드는 모멘트는

$M_{용선} = F_{용선} \times d_{용선} = 60kg \times 9.8m/s^2 \times 2m = 1,176Nm$

따라서 회전운동은 용선이 쪽으로(시계 방향으로) 일어난다.

이와 같이 모멘트를 이용하면 회전운동의 크기와 방향을 쉽게 설명할 수 있다. 이 세상에 움직이는 모든 물체는 직선운동과 회전운동의 합으로 표현할 수 있다. 자동차 바퀴가 굴러가면서 차를 움직일 때 바퀴가 구르는 운동은 바퀴의 회전운동이고, 바퀴가 이동하는 것은 바퀴의 직선운동이다. 야구선수가 커브볼을 던질 때 공이 궤적을 그리며 날아가는 운동은

자동차와 지구의 운동은 각각 회전운동과 직선운동이 동시에 일어난다.

직선운동의 결과이고, 날아가면서 뱅글뱅글 도는 것은 회전운동의 결과이다. 지구가 태양 주위를 공전하는 것은 직선운동이고(이 경우에 지구의 공전은 원운동의 궤적을 갖는 직선운동이다.) 지구가 스스로 자전하는 운동은 회전운동이다.

2. 생활에서 발견하는 모멘트

시소 위에서 몸무게가 무거운 사람이 앞으로 이동하면 가벼운 사람과 평형을 이룰 수 있다는 사실을 우리는 경험을 통해 너무나도 잘 알고 있기 때문에, 비록 모멘트를 모른다 해도 시소를 아주 즐겁게 탈 수 있었다. 우리가 의식하지 못하고 있지만, 비단 시소뿐만 아니라 일상생활 곳곳에서 수없이 많은 모멘트를 이용하고 있다.

모멘트라는 용어를 쓰지는 않았지만 모멘트의 성질을 제대로 이용한 사람은, 부력을 발견한 아르키메데스이다. 아르키메데스는 이를 '지렛대

똑같은 무게의 돌을 맨몸으로 들어올리려고 해도 안 된다면, 지렛대를 사용해 손쉽게 실행할 수 있다.

의 원리'라고 부르고 실제 생활에 적극적으로 활용했다. 아르키메데스가 지렛대의 원리에 대해서 얼마나 자부심을 가졌느냐 하는 것은 튼튼한 받침대와 긴 막대만 있으면 지구도 움직일 수 있다고 왕 앞에서 호언장담한 것을 봐도 알 수 있다. 그리고 여기에 지렛대의 구성요소가 다 나와있다. 튼튼한 받침대와 긴 막대기, 이것들이 지렛대 구성요소의 전부이다.

그림과 같이 100kg 정도 되는 큰 바위를 들어올린다고 생각해보자. 중력가속도가 $9.8m/s^2$라면 100kg의 바위는 대략 980N의 힘으로 땅을 누르고 있는 것이다. 예를 들어, 진주라는 친구가 이 바위를 들고 싶은데 그가 200N의 힘밖에 낼 수 없는 사람이라고 하자. 힘의 관점에서만 본다면 100kg의 바위를 들기 위해서는 적어도 980N의 힘이 필요하므로 200N의 힘밖에 내지 못하는 진주로서는 절대 바위를 들 수 없지만, 모멘트의 성질을 고려하여 지렛대 원리를 이용하면 연약한 진주도 이 바위를 쉽게 들 수 있다. 그림과 같이 3m쯤 되는 긴 막대기의 한쪽 끝을 바위 밑에 놓고 받침대를 바위 쪽에서 0.5m 떨어진 곳에 설치한다. 이때 반대쪽 끝을 진주가 누르면 어떻게 될까?

바위가 만드는 모멘트 $M = Fd = 980N \times 0.5m = 490Nm$
진주가 만드는 모멘트 $M = Fd = 200N \times 2.5m = 500Nm$

바위에 의해 생기는 모멘트는 490Nm이지만 진주가 낼 수 있는 최대 모멘트는 500Nm이므로, 긴 막대기는 받침대를 기준으로 진주 쪽으로, 즉 시계 방향으로 회전하고 결과적으로 바위는 위로 올라가게 된다. 이렇게 지렛대를 이용하면 힘을 주는 쪽의 모멘트 거리를 길게 만듦으로써 보다 작은 힘으로 큰 모멘트를 얻을 수 있다. 그림을 보면 지렛대가 시소와 비슷하게 생긴 것을 쉽게 알 수 있을 것이다. 사실 시소도 이러한 지렛대의 원리를 이용한 놀이기구이고, 더 나아가 지렛대는 공사 현장처럼 큰 힘이 요구되는 곳이나 다른 분야에서도 널리 이용되고 있다.

전자 장비나 그 밖의 물건들을 고칠 때 우리는 드라이버를 이용해서 나사를 조이거나 푼다. 어떤 휴대용 드라이버 세트에는 드라이버 손잡이를 감싸는 별도의 손잡이가 추가로 들어있다. 나사가 너무 꽉 조여있어서 잘 풀어지지 않을 때 이 별도의 손잡이를 드라이버에 추가로 부착시키면 쉽게 풀 수 있다.

그런데 이 간단한 장비에도 알고 보면 지렛대의 원리, 즉 모멘트의 응용이 숨어있다. 오른쪽 그림에서 보듯이 드라이버를 중심 O를 기준으로 돌려서 나사를 돌리는 것이 드라이버의 용도이다. 우리는 드라이버를 돌

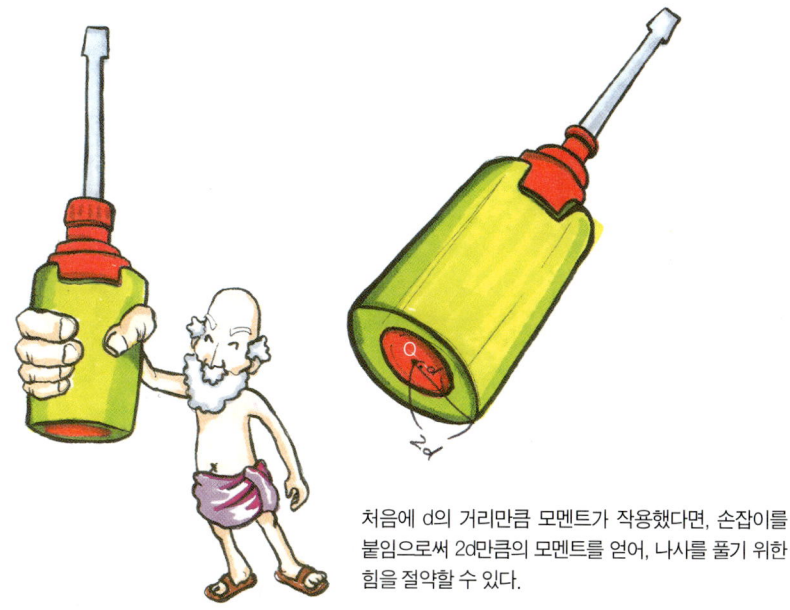

처음에 d의 거리만큼 모멘트가 작용했다면, 손잡이를 붙임으로써 2d만큼의 모멘트를 얻어, 나사를 풀기 위한 힘을 절약할 수 있다.

릴 때 손으로 감싸 쥐고 손을 회전시켜주는데, 이때 손과 드라이버 손잡이의 마찰력 F가 작용하고, 중심 O에서 힘 F 사이의 거리 d가 모멘트 거리로 작용한다. 즉 드라이버는 'M = Fd'만큼의 모멘트를 받고 돌아간다.

지금 주어진 모멘트로 나사가 잘 풀어지지 않는다면 어떻게 해야 할까? 물론 더 큰 모멘트를 내기 위해 F를 증가시킬 수도 있지만, 사람이 갑자기 평상시보다 두 배의 힘을 낼 수는 없기 때문에 이 방법으로는 한계가 있다. 하지만 추가 손잡이를 부착해서 모멘트 거리를 증가시키면 두 배, 세 배의 모멘트를 쉽게 얻을 수 있다. 예를 들어, 추가 손잡이의 반경이 원래 드라이버의 두 배인 경우에는 같은 힘을 주고도 두 배의 모멘트를 얻을 수 있는 것이다. 큰 드라이버가 작은 드라이버보다 나사를 풀기

여닫이 문에도 모멘트를 응용해볼 수 있다.
회전축에서 손잡이가 멀리 떨어져 있을수록
더 큰 모멘트 M을 얻을 수 있다.

쉬운 이유도 여기에 있다. 큰 드라이버는 일반적으로 손잡이가 두껍기 때문에 더 큰 모멘트를 내어 쉽게 나사를 돌릴 수 있기 때문이다.

드라이버보다 일상생활에서 더 자주 접하는 모멘트의 응용이 있다. 지금 방을 둘러보자. 무엇이 보이는가? 당신이 어느 방에 있든지 간에 거기에는 적어도 문이 한 개는 있을 것이다. 그리고 그 문에는 손잡이가 있을 것이다. 뭐, 미닫이 문이라면 또 다른 이야기가 되겠지만, 여닫이 문이라면 거기에 지렛대의 원리, 모멘트의 응용이 숨어있다. 문의 손잡이가 왜 하필 정해진 위치에 있는지 의문을 가져본 적은 혹시 없는가? 손잡이는 항상 문과 벽의 연결부인 회전축에서 멀리 떨어진 곳에 있다. 손잡이를 문의 회전축 가까이에 설치하면 안 되나? 여닫이 문의 운동도 가만히 살펴보면 회전축을 중심으로 도는 회전운동이다. 그렇다면 문을 쉽게 열기(회전시키기) 위해서는 당연히 큰 모멘트를 주면 된다. 모멘트 공식에서 M=Fd이므로 힘을 적게 주면서도 문을 쉽게 열기 위해서는 모멘트 거리 d를 크게 만들어주면 된다. 즉 손잡이를 회전축에서 멀리 떨어뜨림으로써(d를 크게 해서) 보다 작은 힘 F로도 문을 열 수 있는 모멘트 M을 얻을 수 있다.

꽁꽁 닫혀서 잘 열리지 않는 뚜껑에 다른 헝겊 등을 감싸 여는 것도 마찬가지로 모멘트를 응용한 것이다. 뚜껑 주위를 테이프나 헝겊 등으로 감싸면 모멘트 거리 d를 증가시킬 수 있다. 드라이버 경우와 마찬가지로 모멘트 거리 d가 증가하면 보다 작은 힘으로 큰 모멘트를 낼 수 있다. 주위에서 쉽게 구할 수 있는 고무 밴드로 뚜껑을 감는 것은 더 효과적이다. 고무 밴드는 마찰력을 높여주기 때문에 일석이조의 효과를 얻을 수 있기 때문이다.

3. 줄타기의 비밀

너무나도 유명한 F=ma라는 뉴턴의 공식은 앞에서도 말했듯이 물체의 직선운동을 구하는 데는 유용하게 쓰이지만 회전운동을 표현할 수는 없다. 그렇다면 힘과 가속도의 관계를 나타내는 공식 F=ma처럼 모멘트와 회전운동 사이의 관계를 나타내는 공식은 없을까?

수식으로는 F=ma로 표현되지만, 뉴턴은 이 공식을 실험적인 방법을 통해서 발견했다. 예를 들어, 10kg인 물체에 10N의 힘을 주면 $1m/s^2$의 가속도가 생기고, 20N의 힘을 주면 $2m/s^2$의 가속도가 생긴다는 사실을 발견한 것이다. 즉 힘이 클수록 가속도도 그에 비례해서 커진다는 사실을 알아냈다. 다음에는 같은 10N의 힘을 주어도 어떤 물체는 $1m/s^2$의 가속도가 생기고 어떤 물체는 $2m/s^2$의 가속도가 생긴다는 사실을 발견하고, 물체에 따라 바뀌는 이 비례상수를 질량으로 표현하였다.

뉴턴이 힘을 바꿔가면서 직선운동에 관한 실험을 했듯이, 모멘트를 바뛰가면서 회전운동에 대한 실험을 수행하면 다음과 같은 결론을 얻을 수 있다. 힘(F)이 커질수록 물체의 가속도(a)가 증가하듯이, 회전운동에서는 모멘트(M)가 커질수록 각가속도*(α)가 증가한다. 그리고 F=ma의 관계에서 힘(F)과 가속도(a) 사이의 관계를 나타내는 비례상수로 질량(m)이 사용되었듯이, 회전운동에 대해서도 모멘트(M)와 각가속도(α) 사이의 비례상수로 관성모멘트(I)를 사용할 수 있다. 즉 힘과 직선운동 사이에 F=ma라는 관계가 성립한다면 모멘트와 회전운동 사이에는 M=Iα의 관계가 성립한다.

F=ma라는 뉴턴의 공식을 정리하면 $a=\dfrac{F}{m}$ 의 관계가 성립되어, 가속도는 힘에 비례하고 질량에 반비례하는 성질이 있음을 알 수 있다. 즉 물체에 같은 힘(F)을 주었을 때 어떤 물체는 질량 m이 작아서 가속도 a가 크고(움직이기 쉽고) 어떤 물체는 질량 m이 커서 가속도 a가 작은(움직이기 힘든) 것이다.

관성모멘트도 마찬가지로 이해할 수 있다. M=Iα의 관계식을 정리하면 $\alpha=\dfrac{M}{I}$ 의 관계가 성립하여, 각가속도는 모멘트 M에 비례하고 관성모멘트 I에 반비례하는 성질이 있다. 즉 똑같은 모멘트 M을 주어서 회전시키더라도, 관성모멘트 I가 큰 물체는 각가속도 α를 얻기 힘들어서 회전시키기가 쉽지 않고, 관성모멘트 I가 작은 물체는 큰 각가속도 α를 얻어서 회전시키기가 쉽다.

> **■ 각가속도**
>
> 속도와 가속도로 직선운동을 묘사하듯이, 회전운동에서는 각속도와 각가속도라는 개념을 쓴다.
> 직선운동에 의해서는 이동 거리가 바뀌고, 회전운동에 의해서는 회전각이 바뀌는 것이다. 즉 속도=이동거리÷시간이고, 각속도=회전각÷시간이다.
> 마찬가지로 가속도(시간에 대한 속도의 변화 비율)에 대응하는 개념이 각가속도이다. 예를 들어, 시계는 각속도가 일정하기 때문에 각가속도가 0이지만, 만약 시계가 고장나 빨리 돌다가 천천히 돌기도 하면서 각속도가 바뀐다면 각가속도는 0이 아닌 것이다.

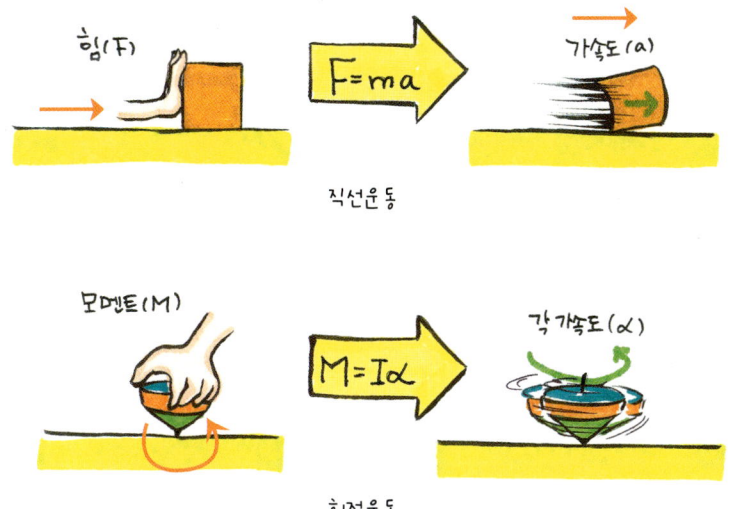

직선운동 F=ma와 마찬가지로 회전운동에도 관성모멘트와 각가속도에 비례해 모멘트가 커진다.

그렇다면 관성모멘트 I는 어떠한 물리량에 영향을 받을까? 같은 크기라 해도 종이로 만든 상자가 쇠로 된 무거운 상자보다 회전시키기 쉽다는 사실은 경험을 통해 익히 알고 있다. 관성모멘트 I는 질량 m이 클수록 커지기 때문에 물체의 질량이 크면 옮기는 것(직선운동)뿐 아니라 돌리는 것(회전운동)도 힘들어진다.

그리고 관성모멘트의 크기는 물체의 질량과 더불어 물체의 질량 분포에도 영향을 받는다. 즉 같은 질량을 갖는 두 물체라도 질량 분포에 따라서, 쉽게 말하면 생긴 모양에 따라서 관성모멘트가 달라진다. 일반적으로 관성모멘트는 회전축에 가까이 질량이 분포할수록 작아지고, 회전축에서 멀리 분포할수록 커진다.

피겨스케이팅 선수가 회전할 때는 손으로 질량 분포를 바꿈으로써 속도를 바꾼다.

질량 분포가 관성모멘트에 미치는 영향은 피겨스케이팅 선수의 회전에서도 알 수 있다. 피겨스케이팅 선수들은 공연에서 종종 빠른 제자리 회전을 한다. 선수들은 회전할 때 처음엔 손을 벌리고 우아하게 돌다가 점차 손을 몸에 붙이고 굉장히 빠른 속도로 회전한다. 선수들이 회전하는 속도가 증가하는 비밀은 바로 손의 움직임에 있다. 초기에 주어진 $\alpha = \dfrac{M}{I}$ 의 관계식에서 회전력(M)은 그대로이므로, 각가속도가 증가한 원인은 관성모멘트(I)가 감소한 것에서 찾을 수 있다. 관성모멘트(I)는 질량과 질량 분포에 비례한다. 회전하는 동안에 피겨스케이팅 선수의 체중이 갑자기 불어나거나 줄어들 리는 당연히 없다. 그러므로 피겨스케이팅 선수는 질량 분포를 바꿈으로써 관성모멘트(I)를 감소시키고, 이로써 빠른 회전을 가능하게 한다. 처음에 손을 벌리고 있으면 손의 질량이 회전 중

아슬아슬한 줄타기에서 긴 막대를 드는 것은 관성모멘트를 바꾸기 위한 수단이다.

심에서 멀리 떨어져 있으므로 관성모멘트(I)가 커서 천천히 돌고, 손을 몸에 붙이면 질량 분포가 회전 중심 가까이 모여 관성모멘트(I)가 감소하고 큰 각가속도(a)를 얻는 것이다.

질량 분포를 이용해서 관성모멘트를 바꾸는 좋은 예는 줄타기 공연에서도 찾아볼 수 있다. 얼마 전 텔레비전에서 공중줄타기 세계신기록에 도전하는 사람을 보았다. 까마득히 높은 곳에서 외줄타기를 하는 것만도 무시무시한 일인데, 그는 이것만으로는 부족했는지 손에 엄청나게 긴 막대를 들고 있었다. 가만히 있어도 손이 부들부들 떨릴 판인데 어떻게 무거운 막대까지 들고 줄타기를 할까. 정말 대단한 사람이라고 감탄할 만하지만, 실은 막대기를 들었기 때문에 줄타기가 더 쉬운 것이다.

줄타기의 생명은 중심 잡기이다. 줄이 흔들리더라도 그것이 천천히 흔들리면 다시 중심을 잡기 쉽지만, 너무 빨리 흔들리면(빠르게 회전하면) 다시 중심을 잡기 전에 사람이 먼저 떨어질 것이다. 여기서 흔들리는 운동은 외줄을 중심으로 회전하는 운동으로 이해할 수 있고, 천천히 흔들리게 하려면 각가속도 α가 작아야 한다. 우리가 이미 공부해서 알고 있듯이 각가속도 $\alpha = \dfrac{M}{I}$ 의 관계가 성립하기 때문에 관성모멘트(I)를 증가시키면 각가속도 α를 감소시킬 수 있다. 관성모멘트를 효과적으로 증가시키기 위해서는 피겨스케이팅 선수가 손을 벌리듯이 회전축으로부터 멀리 떨어진 곳에 질량을 분포시켜야 한다. 결국 외줄타기 선수는 막대기를 들어 관성모멘트를 증가시킴으로써 줄이 천천히 흔들리게 만들어 중심을 잡는 데 도움을 받는 것이다.

참고 문헌

김재근, 『거북선』, 정우사, 1992.

김재근, 『한국의 배』, 서울대학교출판부, 1994.

김상수, 『생활속의 물리 이야기』, 자작B&B, 1999.

김혁수, 『수중의 비밀병기 잠수함 탐방』, 을유문화사, 1999.

다케우치 히토시 지음, 『이야기 물리학사』, 손영수 옮김, 전파과학사, 1995.

대한조선학회 편, 『조선공학개론』, 동명사, 2001.

랜 피셔 지음, 『슈퍼마켓 물리학』, 강윤재 옮김, 시공사, 2003.

마이클 길렌 지음, 『(세상을 바꾼) 다섯 개의 방정식』, 서윤호·허민 옮김, 경문사, 1997.

사에키 헤이지 지음, 『물리, 왜 그럴까? : 퀴즈로 풀어보는 물리의 세계』, 이정환 옮김, 솔, 1999.

어니스트 볼크먼 지음, 『전쟁과 과학, 그 야합의 역사』, 석기용 옮김, 이마고, 2003.

에드워드 V. 루이스 외 지음, 『타임 라이프 인간과 과학 시리즈 : 선박의 과학』, 타임라이프북스 편집부 편, 한국일보 타임라이프, 1985.

요미우리신문사 지음, 『최첨단 무기시리즈 6 : 원자력 잠수함』, 권재상 옮김, 이성과현실사, 1993.

요미우리신문사 지음, 『최첨단 무기시리즈 7 : 대양함대』, 권재상 옮김, 자작나무, 1997.

윤점동, 『선박운용의 이론과 실무(조종론)』, 제일문화사, 1976.

이승건, 『선박운동 조종론』, 부산대학교출판부, 1997.

이원식, 『한국의 배』, 대원사, 1991.

이윤기, 『그리스 로마 신화』, 웅진닷컴, 2000.

이정훈, 『(한국군의 비전) 대양해군』, 동아일보사, 2003.

전국경제인연합회 편, 『한국의 조선산업』, 전국경제인연합회, 1997.

정세모, 『전파항법 및 전파수로측량』, 아성출판사, 1987.

쥘 베른 지음, 『해저 2만 리』, 이인철 옮김, 문학과지성사, 2002.

채수종, 『미래를 나르는 배』, 지성사, 2004.

최성규, 『재미있는 잠수함 이야기』, 양서각, 2000.

최윤대 · 문장렬, 『군사과학 기술의 이해』, 양서각, 2003.

최형섭, 『과학에는 국경이 없다』, 매일경제신문사, 1998.

크리스토퍼 야르고즈키 외 지음, 『물리가 날 미치게 해!』, 김영태 옮김, 한승, 2002.

한국해양연구원 엮음, 『선박의 이해』, 한국해양연구원 해양시스템안전연구소, 2002.

한스 J. 루트 지음, 『자연과 기술에서의 와유동』, 노오현 · 장근식 옮김, 배한출판사, 1988.

해군문화연구위원회, 『해군문화』, 해군본부, 1998.

H. 거이퍼드 스티버 외 지음, 『타임 라이프 인간과 과학 시리즈 : 비행의 원리』, 타임라이프북스 편집부 편, 한국일보 타임라이프, 1984.

찾아보기

ㄱ

가변 피치 프로펠러 136, 137

가속도의 법칙 111~113

각가속도 254, 256~258

갑판 88, 89, 119, 173, 175, 176, 178, 179, 189, 191, 232, 235, 238

건현 90

경하중량 93

공기저항 118, 119, 122

공동현상 134, 135, 140

관성모멘트 254~258

관성의 법칙 110, 113, 114

구상선수 124~126

국제해사기구 108, 207

깊이 31, 33, 87, 89, 90, 100, 102, 128, 138

ㄴ

나팔바지 235

네커치프 236

노트(knot) 94

뉴턴의 운동 법칙 110

능동 소나 161

ㄷ

덕트 프로펠러 139, 140

동압력 77

DWT 87, 89, 92, 93, 107, 108

ㄹ

램(RAM) 196

레이더(RADAR) 132, 157~161, 164, 194~196, 228, 240

ㅁ

마찰력 115, 251, 253

마찰저항 115, 116, 119~123, 181, 199, 204

만재 배수량 93, 94

메타센터(Metacenter) 171, 172, 175

메타센터 높이 171, 175

모멘트(Moment) 48, 148, 149, 152, 169~171, 244~258

무게중심 168~172, 175, 178

물제트 추진 장치 140

ㅂ

뱅크섹션 156

베르누이의 정리 62, 63, 66, 69, 72, 73, 75~82, 135, 136, 155, 156

부력 18, 19, 44~48, 52, 54~61, 97~102, 105, 106, 169~172, 190, 204, 205, 210, 211, 248

부력의 원리 18, 19, 44, 47, 48, 52, 59

부심 169~172

부양성 85, 97, 142, 166

불안정 166~168, 171

비스마르크(Bismarck)호 173

빌지킬(Bilge Keel) 179, 181, 182

ㅅ

삼동선 189, 191, 211

상호 반전 프로펠러 138, 139

선미 88, 89, 95, 104, 141, 147~149, 239

선박 10, 91~93, 96, 107, 108, 138~141, 155, 189, 203, 206, 209, 211, 214

선수 88, 89, 104, 124~126

선회 성능 95, 142~144, 150, 153

선회 시험 151

선회식 추진 장치 140, 141

세일러복 236

소나(SONAR) 132, 133, 160, 161

속사포 177, 178

손원일 제독 218, 219

수동 소나 161

수중익선 204, 206, 210~212

SWAACS 211

SWATH 189, 190, 210, 211

스케그(Skeg) 147, 149

스타보드(Starboard) 88, 89

스텔스(stealth) 기능 191, 194~196

ㅇ

아르키메데스의 원리 44, 47~49, 51, 52, 54, 204

안정 146, 166~168, 171, 172, 175, 178, 179, 182, 183, 188, 189,

191, 194, 208, 211

안티롤링(Anti-Rolling) 181, 182

양력 78~80, 148, 150, 152, 183, 204, 205, 210, 211

엑슨발데즈(Exxon Valdez)호 107

우현 88, 89, 104, 153

운동 성능 85

위그선(WIG) 206~209

유체의 연속방정식 74, 78

이동성 85

이중 선체 구조 108, 109

이중저 108

인력선 축제 212

잉여저항 115, 116, 118

ㅈ

작용 반작용의 법칙 111, 113

재화중량 87, 91, 93, 107, 108

저항 85, 90, 114~119, 121~123, 125, 126, 142, 147, 166, 175, 181, 190, 191, 199, 204, 205, 210, 212

전가동타 148, 149

전류 고정 날개 추진 장치 138, 139

전술 직경 154

전진 거리 153

정압력 31~33, 52, 76, 77

정압력 분포식 31~33, 76

조와저항 118, 119, 181

조종성 85, 166

좌현 88, 89, 104, 153

주코프스키(Zhukovskii) 78~80

중립 166~168, 171

지면 효과 207, 208

GPS 161, 163~165

직진 성능 142~144, 146, 147, 149

ㅊ

추진 85, 127, 128, 134, 138~144, 166, 178, 212, 218, 225

침수 표면적 204

ㅋ

캐터머랜(Catamaran) 189, 190

킥(Kick) 152

ㅌ

타(Rudder) 148~152

텐뎀(Tandem) 프로펠러 137, 138

토리첼리의 실험 25~29, 37

TEU 94

ㅍ

파고 125, 126

파스칼의 원리 23, 27~29, 34~36

파저 125, 126

파정 125, 126

패스트스킨(Fastskin) 121, 122

포트(port) 89

프로펠러 95, 96, 113, 114, 127~131, 133~141, 144, 148, 178, 197, 198, 212, 213, 242

플랩(Flap) 149, 150

플랩타(Flapped rudder) 149

피치(Pitch) 130, 131, 136, 137

핀 안정기 182, 183, 204

ㅎ

HYACS 211

HYSWAS 210, 211

함정 91, 140, 141, 154, 195~197, 202, 203, 220, 224, 226~229, 232, 233

호버크라프트(Hovercraft) 198~201, 206, 211

호른타(horn Rudder) 149

활주정 204, 205

횡 거리 153

흘수 87, 89, 90, 101~103, 172